Altium Designer 23 电路板设计实用教程——基于大学生电子大赛

谢元成　郑振宇　编著

電子工業出版社·

Publishing House of Electronics Industry

北京·BEIJING

内 容 简 介

本书以 2023 年正式发布的全新 Altium Designer 23（版本为 Altium Designer 23.1.1）为基础进行介绍，Altium Designer 23 兼容 Altium Designer 18 以上版本。全书共 8 章，包括电子设计绘制前期准备、原理图库的认识及创建、电赛声源小车原理图的绘制、PCB 封装设计规范及创建、电赛声源小车的 PCB 布局、电赛声源小车的 PCB 布线、PCB 的 DRC 与生产文件的输出及同轴电缆长度与终端负载检测装置设计等内容。本书以实战方式进行介绍，实例丰富、内容翔实、条理清晰、通俗易懂，有利于读者将理论与实践结合。本书内容先易后难，不断深入，适合读者学习和操作。本书采用中文版软件进行讲解，目的在于使读者看完后，可按照操作步骤设计出自己想要的产品。

本书可作为高等院校电子信息类专业的教学用书，也可作为大学生进行课外电子制作、参与电子设计竞赛的参考书和培训教材，还可作为广大电子设计工作者快速入门及进阶的参考书。本书随书赠送了超过 16 小时的超长基础案例视频教程。读者可以通过扫描本书封底的二维码或登录 PCB 联盟网下载。

图书在版编目（CIP）数据

Altium Designer23 电路板设计实用教程 ：基于大学生电子大赛 / 谢元成，郑振宇编著. -- 北京 ：电子工业出版社，2025. 1. -- ISBN 978-7-121-48276-2

Ⅰ. TN410.2

中国国家版本馆 CIP 数据核字第 2024RC3087 号

责任编辑：曲　昕　　　　　特约编辑：田学清
印　　刷：三河市兴达印务有限公司
装　　订：三河市兴达印务有限公司
出版发行：电子工业出版社
　　　　　北京市海淀区万寿路 173 信箱　　　　邮编：100036
开　　本：787×1 092　　1/16　　印张：13.75　　字数：398 千字
版　　次：2025 年 1 月第 1 版
印　　次：2025 年 1 月第 1 次印刷
定　　价：79.00 元

前　言

面对功能越来越复杂、速度越来越快、体积越来越小的电子产品，人们对各种类型电子设计的要求越来越高，学习和投身电子设计的工程师也越来越多。由于电子设计领域对工程师自身的知识和经验要求非常高，因此大部分工程师很难做到得心应手，在对速度较快、功能复杂的电子产品进行设计时，各种 PCB 设计问题不断出现，造成很多项目后期调试过多，甚至产品被报废，浪费了人力、物力，延长了产品研发周期，影响了产品的市场竞争力。

结合大量调查结果和实践经验，编著者总结出了以下几类电子工程师在设计时遇到的问题。

（1）刚毕业时没有实际经验，不熟悉软件工具，无从下手。

（2）虽做过简单的电子设计，但没有系统的设计思路，造成在项目后期无法及时、优质地完成设计。

（3）虽有丰富的电子设计经验，但无法得心应手地应用设计工具。

Altium Designer 是电子设计常用的工具之一，以 Altium Designer 23 为工具进行原理图设计、PCB 设计是电子信息类专业的实践课程。

传统的理论性教材只注重系统性和全面性，实用性并不是很好。本书基于实战案例教学模式进行讲解，注重对学生综合能力的培养，在教学过程中，以未来职业角色为核心，以社会实际需求为导向，兼顾理论内容与实践内容，形成课内理论教学和课外实践活动良性互动。实践表明，这种教学模式非常有利于培养学生的创新思维，提高学生的实践能力。

本书由专业电子设计公司的设计总工程师和大学教师联合编著，包含使用 Altium Designer 23 进行原理图设计、PCB 设计实践经验的总结及软件使用技巧，以职业岗位分析为依据，以读者学完就能用、学完就具有上岗就业竞争力为目标，秉持"以真实产品为载体""以实际项目流程为导向"的教学理念，将理论与实践结合，由浅入深地介绍软件，从易到难地讲解设计，按照电子流程化设计的思路讲解软件的各类操作命令、操作方法及实战技巧，力求满足各阶段读者的需求。

第 1 章：电子设计绘制前期准备。本章对 Altium Designer 23 进行了基本介绍，包括 Altium Designer 23 的安装、激活步骤，以及常用系统参数的设置，旨在让读者搭建设计平台并高效地配置各项参数。本章还向读者概述了电子设计流程，使读者能从整体上熟悉电子设计，为接下来的学习打基础。

第 2 章：原理图库的认识及创建。本章主要讲述了开始电子设计时的原理图库设计方法，先对元件符号进行了概述，然后介绍了原理图库编辑器，接着讲解了单部件元器件和多部件元器件的创建方法，并通过几个由易到难的实例系统地演示了元器件的创建过程，最后讲述了元器件的复制方法。

第 3 章：电赛声源小车原理图的绘制。本章介绍了原理图编辑界面，并采用原理图设计流程化讲解方式，对原理图设计过程进行了详细讲述，目的是让读者一步一步地根据本章内容，设计出自己需要的原理图。

第 4 章：PCB 封装设计规范及创建。本章主要讲述了封装库编辑界面、常见 PCB 封装的设计规范及要求、常规 PCB 封装创建法、阵列粘贴的 PCB 封装创建法、IPC 封装向导的使用，还介绍了 3D 模型的创建方法，让读者充分理解 PCB 封装的组成及封装绘制。

第 5 章：电赛声源小车的 PCB 布局。PCB 布局的好坏直接影响 PCB 设计的成败。读者掌握设计基本原则及快速布局的方法，有利于对整个产品的质量进行把控。本章主要介绍常规 PCB 布局约束原则、PCB 模块化布局思路、固定元器件的放置、原理图与 PCB 的交互设置及模块化布局等。

第 6 章：电赛声源小车的 PCB 布线。PCB 布线是 PCB 设计中比重最大的部分，也是学习的重点。读者需要掌握设计中的各类技巧，以有效缩短设计周期，提高电子设计产品的质量。

第 7 章：PCB 的 DRC 与生产文件的输出。本章主要讲述 PCB 设计的后期处理，包括 DRC、尺寸标注、丝印的调整、距离测量、生产文件的输出及 PDF 文件的输出等。读者应该全面掌握本章内容，并将其应用到设计中。虽某些 DRC 检查项可以直接忽略，但是对于本书提到的 DRC 检查项，应高度重视，着重检查，相信很多生产问题都可以在设计阶段规避。

第 8 章：同轴电缆长度与终端负载检测装置设计。在许多通信和电子系统中，准确测量同轴电缆的长度和检测终端负载是至关重要的。本章旨在开发一款便携式检测装置。该检测装置能够快速准确地测量同轴电缆的长度并检测终端负载状态，通过这个同轴电缆长度与终端负载检测装置设计全流程实战项目的演练，让 Altium Designer 23 初学者将理论和实践结合，掌握电子产品设计的基本操作技巧及思路，全面提升实际操作能力和学习积极性。

本书可作为高等院校电子信息类专业的教学用书，也可作为大学生进行课外电子制作、参与电子设计竞赛的参考书与培训教材，还可作为广大电子设计工作者快速入门及进阶的参考书。如果条件允许，学校可以开设相应的实验和观摩课程，以缩小书本知识与工程应用实践之间的差距。

本书由广州工程技术职业学院谢元成老师、湖南凡亿智邦电子科技有限公司郑振宇共同编著。本书的编写得到了湖南凡亿智邦电子科技有限公司郑振凡先生的大力支持，同时郑振凡先生对本书内容提出了中肯建议，在此表示衷心的感谢。

科学技术发展日新月异，编著者水平有限，加上时间仓促，书中难免存在不足之处，敬请读者予以批评指正。

编著者

目　　录

第 1 章

电子设计绘制前期准备

在动手设计之前需要做一些准备。下面将对 Altium Designer 23 的安装进行介绍，并对整个电子设计绘制流程进行介绍，以使大家从整体上理解电子设计的标准化流程，对电子设计每个环节的要点进行把控，防止因人为因素导致的返工。

 学习目标

➢ 掌握 Altium Designer 23 的安装方法。
➢ 掌握 Altium Designer 23 常用系统参数的设置方法。
➢ 熟悉电子设计流程。
➢ 掌握 Altium Designer 23 工程的创建方法。

1.1　Altium Designer 23 的安装

本次电子设计绘制是基于 EDA 工具 Altium Designer 23 进行的。新一代 Altium Designer 集成了相当强大的开发管理环境，能够有效地对设计的各项文件进行分类及层次管理。

由于 Altium Designer 集成了原理图设计、电路仿真、PCB 绘制编辑、基于拓扑逻辑的自动布线、信号完整性分析和设计输出等技术，因此越来越多的用户选择使用 Altium Designer 对复杂的大型电路板进行设计。本节将对 Altium Designer 进行安装、激活。

1.1.1　安装系统配置要求

要成功安装 Altium Designer 23，并在使用过程中保证一定流畅度，安装软件的计算机硬件应满足一定的要求。Altium 公司推荐的安装 Altium Designer 23 的计算机系统配置如下。

（1）操作系统：Windows 7 Service Pack 1、Windows 8、Windows 10、Windows 11。

（2）硬件配置如下。

① 英特尔的酷睿 i7 处理器或等同产品。

② 16GB 内存。

③ 至少 10GB 的硬盘存储空间。

④ 分辨率为 2560 像素×1440 像素（或更高）的双显示器。

⑤ 64 位操作系统。

⑥ 高性能显卡（支持 DirectX 10 或以上版本），如 GeForce GTX 1060、Radeon RX 470。

1.1.2 Altium Designer 23 的安装步骤

Altium Designer 23 的安装步骤与之前版本的安装步骤基本一致，不同的是，在安装时安装程序包提供了更丰富的安装选项，用户可以根据自己的需求选择性地安装。

（1）在 Altium 官网下载 Altium Designer 23 的安装包，打开安装包目录，双击"Installer.exe"文件启动安装向导，等待一段时间后出现如图 1-1 所示的 Altium Designer 23 安装向导界面。

（2）单击 Altium Designer 23 安装向导界面中的"Next"按钮，显示如图 1-2 所示的许可协议界面。在该界面中可以设置安装语言，可供选择的语言有英文、中文或日文。

图 1-1　Altium Designer 23 安装向导界面　　　　　图 1-2　许可协议界面

（3）单击许可协议界面中的"Next"按钮，显示如图 1-3 所示的安装功能选择界面，在该界面中选择需要安装的功能。一般选择安装 PCB Design、Importers\Exporters、Platform Extensions 3 项即可。

（4）单击安装功能选择界面中的"Next"按钮，显示如图 1-4 所示的选择安装路径界面，选择安装路径和共享文件路径。推荐使用默认设置的路径。

不安装可选项可以节省一定的安装空间！

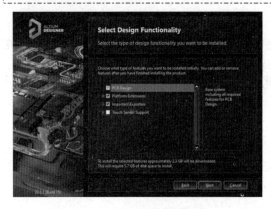

图 1-3　安装功能选择界面　　　　　　　图 1-4　选择安装路径界面

（5）确认信息无误后，单击选择安装路径界面中的"Next"按钮，开始安装，如图 1-5 左图所示。等待 5～10 分钟，计算机会出现如图 1-5 右图所示的安装完成界面，表示安装完成。

图 1-5　安装过程及安装完成界面

1.1.3　Altium Designer 23 的激活步骤

（1）启动 Altium Designer，只有在添加单机许可证文件之后该功能才会被激活。单击右上角的"Not Signed In"下拉按钮，选择"License"选项，出现如图 1-6 所示的账户窗口界面。

（2）选择"Available Licenses-No License"选区中的"Add standalone license file"选项，添加单机许可证文件，如图 1-7 所示，完成激活，如图 1-8 所示。

图 1-6　账户窗口界面

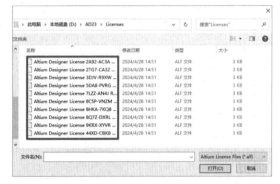

图 1-7　添加单机许可证文件

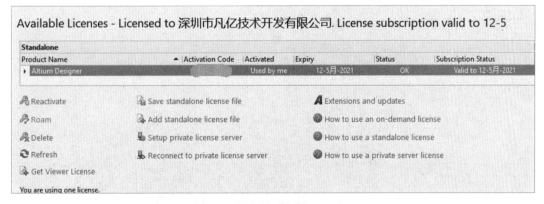

图 1-8　激活完成

 小 助 手 提 示

如果按照以上方法操作后仍然无法正确安装及激活 Altium Designer 23，可以联系编著者（zheng.zy@foxmail.com）获取技术支持。

1.2 Altium Designer 23 常用系统参数的设置

在 Altium Designer 23 主界面的右上角单击 "❖" 图标，进入 "Preferences" 对话框，如图 1-9 所示，该对话框用于设置系统默认参数。该对话框左侧罗列了系统需要设置的参数项目。在一般情况下，安装 Altium Designer 23 后不需要对系统默认参数进行改动，只需要对一些常用参数进行设置，以使软件快速、高效地配置资源，从而更高效地使用 Altium Designer 23 进行电子设计。

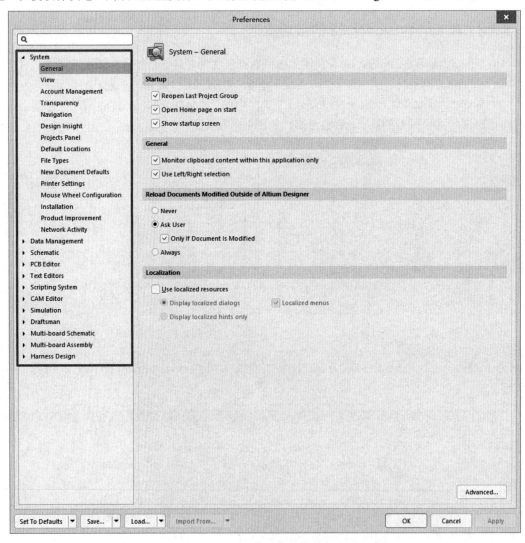

图 1-9 "Preferences" 对话框

1.2.1　中英文版本切换

在 Altium Designer 23 主界面的右上角单击"⚙"图标，在"System- General"选项卡中找到"Localization"选区，如图 1-10 所示，勾选"Use localized resources"复选框。勾选"Use localized resources"复选框后重启软件，即可切换为中文版本。重复本步骤可切换回英文版本。因为 Altium 官方目前还没有把软件完全翻译过来，所以所谓的中文版目前是不完全汉化版本，但是基本不影响理解。

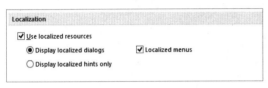
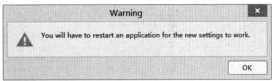

图 1-10　本地化语言资源设置

1.2.2　系统高亮及交叉选择模式设置

在执行操作的过程中，可以对选择的对象进行高亮、放大操作，这可以有效地协助定位选择对象。在 Altium Designer 23 主界面的右上角单击"⚙"图标，在"System-Navigation"选项卡中，找到"高亮方式"选区，如图 1-11 所示，选择要在"导航器面板"中显示的对象。建议勾选"缩放"复选框、"变暗"复选框。在"要显示的对象"选区选择匹配的选择对象的属性，建议勾选"Pin 脚"复选框、"端口"复选框、"网络标签"复选框。

交叉选择模式给出了在原理图和 PCB 编辑器之间选择对象的能力。在此模式下，当在一个编辑器中选择对象时，另一个编辑器中与之关联的对象也会被选择，这可以大大简化对象的选取定位操作。推荐按照图 1-12 所示设置交叉选择模式及交叉选择的对象，其他复选框不需要勾选。

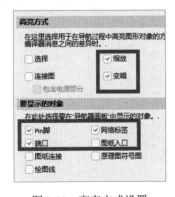

图 1-11　高亮方式设置　　　　　　　　图 1-12　交叉选择模式设置

1.2.3　文件关联开关

很多初学者可能会误操作，导致文件无法通过双击用 Altium Designer 23 打开，这个时候需要用到 Altium Designer 23 自带的文件关联开关。在 Altium Designer 23 主界面的右上角单击"⚙"图标，在"System-File Types"选项卡（见图 1-13）中，选择需要关联的选项。

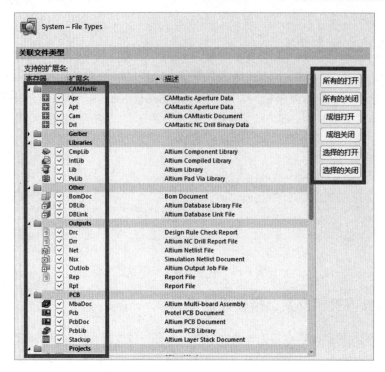

图 1-13 "System-File Types"选项卡

1.2.4 软件的升级及插件的安装路径

Altium Designer 23 为了不断优化和深化，为用户提供了软件升级及插件安装功能，如图 1-14 所示。可以在软件的后台对软件进行升级操作，也可以指定离线安装路径进行离线安装。在需要安装一些插件时，可以通过软件升级获取相关插件。

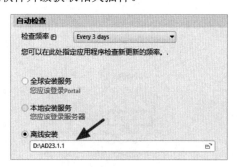

图 1-14 软件的升级及插件的安装路径

1.2.5 自动保存设置

Altium Designer 23 具有用户自定义保存选项，以确保在设计时不会因软件崩溃导致设计文件损坏或丢失。可以设置系统每隔一段时间进行一次自动保存，一般设置自动保存间隔时间为 10 分钟，如图 1-15 所示。不建议把自动保存间隔时间设置得过短，也不建议把自动保存间隔时间设置得过长。若将自动保存间隔时间设置得过短，则在设计时系统容易产生卡顿现象，打断设计者的思路；若将自动保存间隔时间设置得过长，则在文件损坏后找回的版本太久，设计者会进行大量重复工作。所以，在此建议读者时常按快捷键"Ctrl+S"进行手动保存，配合系统的自动保存功能，以有效且顺畅地完成设计工作。

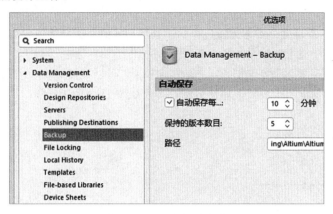

图 1-15　自动保存设置

1.3　原理图系统参数的设置

原理图系统参数的设置主要是针对原理图绘制工作的，在开始设计前通常会按照经验对原理图的一些默认参数进行设置。为使设计效率更高，对于本节没有提到的参数，采取默认设置即可；对于本节提到的参数，建议参照本节进行设置。

1.3.1　"Schematic-General"选项卡

"Schematic-General"选项卡包含与原理图相关的常规设置。在"Preferences"对话框中，执行"Schematic"→"General"命令，进入如图 1-16 所示的"Schematic-General"选项卡。为了使读者充分了解常见设置的作用，在此对常见设置进行说明。

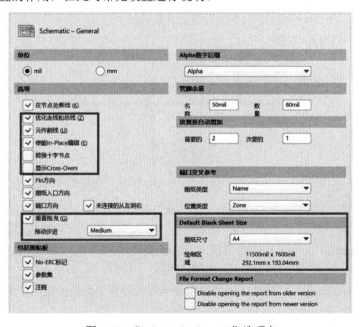

图 1-16　"Schematic-General"选项卡

（1）"优化走线和总线"复选框：针对的是绘制的导线，勾选此复选框后将移除重复绘制的电气导线。

（2）"元件割线"复选框：勾选此复选框后，当移动元器件到导线中央时，导线会自动从中间断开，把元器件嵌到导线上，效果如图 1-17 所示。

（3）"使能 In-Place 编辑"复选框：勾选此复选框后，可以直接对绘制区域内的文字进行编辑，不再需要进入属性编辑框后再编辑，非常方便，效果如图 1-18 所示。

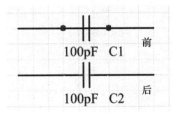

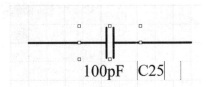

图 1-17　勾选"元件割线"复选框的效果　　　图 1-18　勾选"使能 In-Place 编辑"复选框后的效果

（4）"转换十字节点"复选框：勾选此复选框后，在两条导线交叉连接时会显示电气节点；反之，则不会显示电气节点，外观上为十字交叉，如图 1-19 所示。一般不建议勾选此复选框。

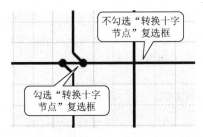

图 1-19　勾选与不勾选"转换十字节点"复选框的效果

（5）"显示 Cross-Overs"复选框：勾选此复选框后，两条没有电气性能的导线在交叉时，会以圆弧形式显示，如图 1-20 所示。一般不建议勾选此复选框。

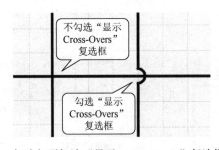

图 1-20　勾选与不勾选"显示 Cross-Overs"复选框的效果

（6）"垂直拖曳"复选框：拖曳不同于移动，拖曳时电气连线和元器件一起动，不会破坏电气连接。勾选此复选框后执行"编辑"→"移动"→"拖曳"命令，可以实现元器件的拖曳。

Altium Designer 23 提供了选择常用尺寸或自定义尺寸的选项，用户可以根据自己的偏好在"Default Blank Sheet Size"选区设置默认的纸张尺寸。

在"Schematic-General"选项卡中按照以上说明进行设置，其他选项采取默认设置即可。

1.3.2　"Schematic-Graphical Editing"选项卡

"Schematic-Graphical Editing"选项卡包含原理图图形设计的相关信息，如图 1-21 所示。在"Schematic-Graphical Editing"选项卡中，对以下 4 个选项进行推荐设置，其他选项采取默认设置即可。

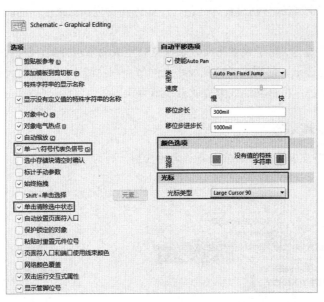

图 1-21　"Schematic-Graphical Editing"选项卡的设置

（1）"单一'\\'符号代表负信号"复选框：勾选此复选框，"\\"符号将代表负信号，可使整个网络名的上方出现上画线，如"N\\E\\T\\"表示的信号为"$\overline{\text{NET}}$"。

（2）"单击清除选中状态"复选框：勾选此复选框，单击空白处将退出选中状态，有利于在多选状态下退出选中状态。

（3）"颜色选项"选区：用于设置处于选中状态对象的颜色。选中元器件或文字等对象时，会显示一个该选区设定颜色的虚线框，以区别对象的选中状态和非选中状态，如图 1-22 所示。

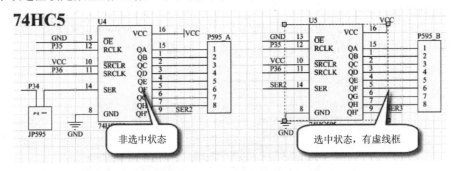

图 1-22　选中状态和非选中状态

（4）"光标"选区：用于设置光标显示状态。系统提供了 4 个光标选项，即"Large Cursor 90"（全屏 90°十字光标）选项、"Small Cursor 90"（小型 90°十字光标）选项、"Small Cursor 45"（小型 45°斜线光标）选项及"Tiny Cursor 45"（极小的 45°斜线光标）选项。建议选择"Large Cursor 90"选项。

1.3.3 "Schematic-Compiler"选项卡

"Schematic-Compiler"选项卡包含对原理图进行编译时的颜色设置及节点样式设置，如图 1-23 所示。

（1）"错误和警告"选区：错误和警告包含 Fatal Error（严重错误）、Error（错误）及 Warning（警告）三个级别，一般默认分别设置为红色、浅红色及黄色。对比度高的颜色更显眼，更便于查找定位。

（2）"自动节点"选区：用于设置布线时系统自动生成的节点样式，包括"显示在线上"和"显示在总线上"两个复选框，分别用于设置线路上的节点和总线上的节点的大小和颜色。一般将编译错误提示设置为红色，将自动连线节点或总线节点设置为深红色。

小助手提示

系统自动生成节点和手工添加节点有一定的区别，如图 1-24 所示，手工添加节点的中心有小的"+"。

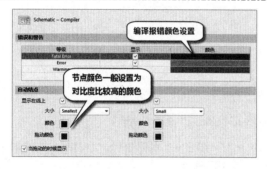

图 1-23 "Schematic-Compiler"选项卡①

图 1-24 系统自动生成节点和手工添加节点

1.3.4 "Schematic-Grids"选项卡

Altium Designer 23 提供了两种栅格显示方式，分别对应"Dot Grid"选项和"Line Grid"选项。在"Schematic-Grids"选项卡中可以对栅格的颜色进行设置。一般推荐在"栅格"下拉列表中选择"Line Grid"选项，"栅格颜色"框保持系统默认值——灰色。在"Schematic-Grids"选项卡中还可以对捕捉栅格、捕捉距离与可见栅格的大小进行设置，如图 1-25 所示。

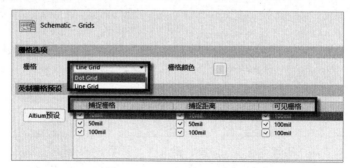

图 1-25 "Schematic-Grids"选项卡的设置

---

① 图中"结点"的正确写法为"节点"。

1.3.5　"Schematic-Break Wire"选项卡

有时候需要对连接的导线进行断开操作，这可以利用 Altium Designer 自带的切割导线功能实现，对于切割时的显示效果和切割宽度可以在"Schematic-Break Wire"选项卡中进行设置，如图 1-26 所示。一般将切割宽度设置为 5 倍的线宽。

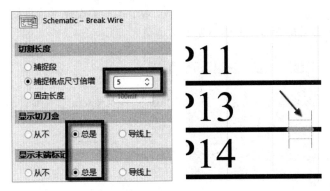

图 1-26　"Schematic-Break Wire"选项卡的设置

1.3.6　"Schematic-Defaults"选项卡

"Schematic-Defaults"选项卡（见图 1-27）用于在设计前将常用的元素（如线宽、引脚长度等）设置为自己偏好的参数，以不在设计时浪费时间一个个去设置。自定义的这些参数可以单独保存，以便下次调用。当然，如果设置得比较乱，也可以直接复位到系统安装状态。

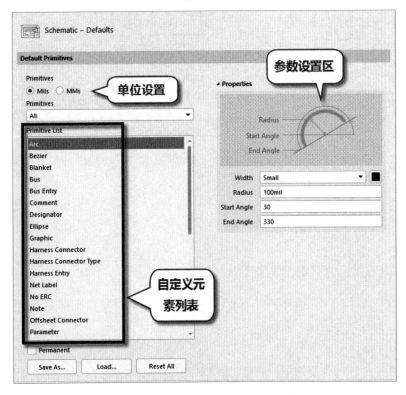

图 1-27　"Schematic-Defaults"选项卡

1.4 PCB 系统参数的设置

对 PCB 系统参数进行设置，有利于高效地执行各项命令，提高工作效率。对 PCB 系统参数进行设置包含对走线、扇孔、敷铜等参数进行的设置。本节推荐的设置选项是编著者多年来进行 PCB 设计总结出的、较为高效的设置，具有一定参考价值。

1.4.1 "PCB Editor-General"选项卡

在"Preferences"对话框中，执行"PCB Editor"→"General"命令，进入如图 1-28 所示的"PCB Editor-General"选项卡，并按照推荐进行设置。

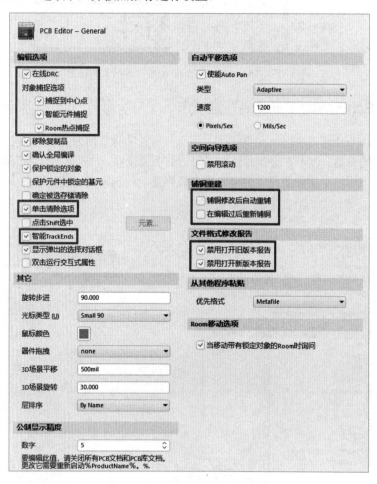

图 1-28 "PCB Editor-General"选项卡①

1. "编辑选项"选区

推荐进行以下设置。

（1）勾选"在线 DRC"复选框，开启在线 DRC（Design Rule Check，设计规则检查）。

---

① 图中"其它"的正确写法为"其他"。

（2）勾选"捕捉到中心点"复选框，以捕捉中心点。

（3）勾选"智能元件捕捉"复选框，开启智能元件捕捉。

（4）勾选"Room 热点捕捉"复选框，以捕捉 Room 的热点。

（5）勾选"单击清除选项"复选框，以在设计过程中实现单击空白处清除选项。

（6）勾选"智能 TrackEnds"复选框，设置智能结束布线。

2．"其他"选区

推荐进行以下设置。

（1）"旋转步进"框：用于设置旋转角度，可以输入任意角度值，实现任意角度的旋转。常见旋转角度有 30°、45°、90°。

（2）"光标类型"下拉列表：用于设置光标的显示风格，推荐选择"Large 90"选项，以便进行布局布线对齐操作。

3．"铺铜重建"选区

"铺铜修改后自动重铺"复选框：勾选此复选框后，在修改铜皮后会自动进行重新敷铜。在一般情况下，这种模式会造成卡顿现象，建议不勾选此复选框，而是通过自定义一个快捷键来进行重新敷铜操作。

4．"文件格式修改报告"选区

"禁用打开旧版本报告"复选框及"禁用打开新版本报告"复选框：勾选这两个复选框后，将不生成 HTML 文档报告。

1.4.2　"PCB Editor-Display"选项卡

在"Preferences"对话框中，执行"PCB Editor"→"Display"命令，进入如图 1-29 所示的"PCB Editor-Display"选项卡。为了有更好的显示效果，推荐按照图 1-29 所示进行设置。

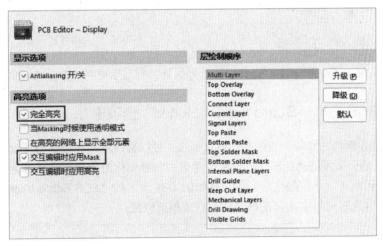

图 1-29　"PCB Editor-Display"选项卡

1.4.3　"PCB Editor-Board Insight Display"选项卡

在"Preferences"对话框中，执行"PCB Editor"→"Board Insight Display"命令，进入如图 1-30 所示的"PCB Editor-Board Insight Display"选项卡。除了图 1-30 中框出的选项，其他选

项根据说明进行设置即可。

图 1-30 "PCB Editor-Board Insight Display"选项卡[①]

1. "焊盘与过孔显示选项"选区

推荐勾选"应用智能显示颜色"复选框，以使用自适应颜色。

2. "可用的单层模式"选区

推荐勾选以下复选框。

（1）"隐藏其他层"复选框。

（2）"其他层单色"复选框。

小助手提示

可以在单层模式下按快捷键"Shift+S"进行切换，有利于进行布线和查看线路层。

1.4.4 "PCB Editor-Board Insight Modes"选项卡

对 PCB 设计者来说，隐藏一些烦人的显示信息，可以有效地提高设计的可视性。在默认情况下，PCB 的左上角会有跟随光标移动的信息，考虑到随着光标的移动测量数值会不断变化，这些信息不太准确，因此可以把这些信息隐藏。在如图 1-31 所示的"PCB Editor-Board Insight Modes"选项卡中，取消勾选矩形框中的复选框，即可完成相应设置。

小助手提示

如果没有在"PCB Editor-Board Insight Modes"选项卡中进行设置，那么在进行 PCB 设计时可以通过按快捷键"Shift+H"隐藏跟随光标移动的信息。

---

① 图中"其它"的正确写法为"其他"。

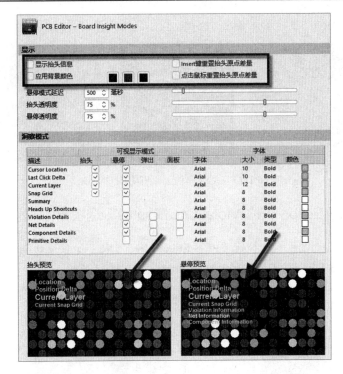

图 1-31　"PCB Editor-Board Insight Modes"选项卡

1.4.5　"PCB Editor-Board Insight Color Overrides"选项卡

在对 PCB 进行设计时，会对一些走线网络颜色进行设置，Altium Designer 23 为此提供了几种颜色显示方案。

在"Preferences"对话框中，执行"PCB Editor"→"Board Insight Color Overrides"命令，进入如图 1-32 所示的"PCB Editor-Board Insight Color Overrides"选项卡。为了避免在进行设计时眼睛因颜色显示而眩晕，推荐进行如下设置。

（1）"基础样式"选区：推荐选择"实心"选项。

（2）"缩小行为"选区：推荐选择"覆盖色主导"单选按钮。

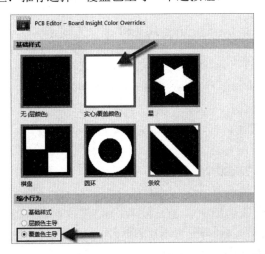

图 1-32　"PCB Editor-Board Insight Color Overrides"选项卡

图 1-33 提供了不同颜色显示方案的对比图，可以看出推荐设置的效果更能凸显标识信息。

图 1-33　不同颜色显示方案的对比图

1.4.6　"PCB Editor-DRC Violations Display"选项卡

在"Preferences"对话框中，执行"PCB Editor"→"DRC Violations Display"命令，进入如图 1-34 所示的"PCB Editor-DRC Violations Display"选项卡。

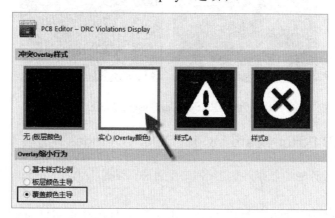

图 1-34　"PCB Editor-DRC Violations Display"选项卡

推荐设置如下。

（1）"冲突 Overlay 样式"选区：推荐选择"实心"选项。

（2）"Overlay 缩小行为"选区：推荐选择"覆盖颜色主导"单选按钮。

1.4.7　"PCB Editor-Interactive Routing"选项卡

走线设置是比较重要的部分，推荐进行如下设置。在"Preferences"对话框中，执行"PCB Editor"→"Interactive Routing"命令，进入"PCB Editor-Interactive Routing"选项卡，按照图 1-35 所示进行设置。

1."布线冲突方案"选区

推荐设置如下。

（1）勾选"忽略障碍"复选框。

（2）勾选"推挤障碍"复选框。

（3）勾选"绕开障碍"复选框。

（4）勾选"在遇到第一个障碍时停止"复选框。

（5）勾选"紧贴并推挤障碍"复选框。

（6）勾选"在当前层自动布线"复选框。

（7）勾选"多层自动布线"复选框。

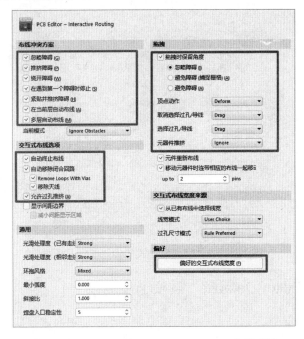

图 1-35　"PCB Editor-Interactive Routing"选项卡

 小　助　手　提　示

以上走线模式可以通过系统默认的快捷键"Shift+R"轮番切换，也可以通过"当前模式"下拉列表手动切换走线模式。

2．"交互式布线选项"选区

推荐设置如下。

（1）勾选"自动终止布线"复选框。

（2）勾选"自动移除闭合回路"复选框。

（3）勾选"允许过孔推挤"复选框。

3．"拖拽"选区

推荐设置如下。

（1）勾选"拖拽时保留角度"复选框，选择"忽略障碍"单选按钮，设置拖动状态忽略障碍物。

（2）将"取消选择过孔/导线"设置为"Drag"，实现拖动没有选中的过孔和导线时只进行移动。

（3）将"选择过孔/导线"设置为"Drag"，实现在拖动操作过程中，选中的过孔和导线也会被拖曳并跟着光标一起移动。

（4）将"元器件推挤"设置为"Ignore"，实现元器件在被拖动的时候忽略障碍物。

4．"偏好"选区

在"偏好"选区可以设置自己偏好的布线宽度。单击"偏好的交互式布线宽度"按钮，进入如图 1-36 所示的"偏好的交互式布线宽度"对话框。在该对话框中可以对偏好的布线宽度进行添加、修改与删除操作。设置好之后，在设计 PCB 的时候，在布线的状态下可以直接利用系统默认的快捷键 "Shift+W" 变更不同的布线宽度，非常方便。当然，设置的线宽必须在线宽规则范围之内，不然不会起作用。

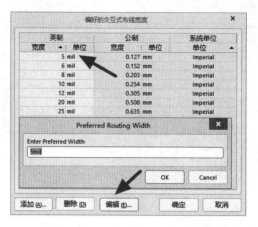

图 1-36　"偏好的交互式布线宽度"对话框

1.4.8　"PCB Editor-Defaults"选项卡

在 "PCB Editor-Defaults" 选项卡中可以对系统菜单栏的参数进行默认设置，以便提高 PCB 设计者的工作效率。在 "Preferences" 对话框中，执行 "PCB Editor" → "Defaults" 命令，进入如图 1-37 所示的 "PCB Editor-Defaults" 选项卡，对过孔、导线、焊盘、铜皮等对象的参数进行默认设置。完成设置之后，在调用某个对象时，该选项将默认使用此处设置的参数，这对规范设计有很大的帮助。

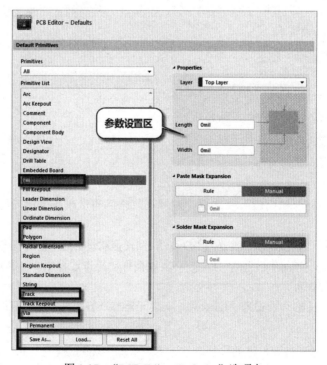

图 1-37　"PCB Editor-Defaults"选项卡

PCB 默认参数的设置也提供了自定义保存和加载的功能，在用到时直接调用即可。

小助手提示

　　一般推荐对最常用的元素进行设置，其他元素在需要时再进行设置。

1.4.9　"PCB Editor-Layer Colors" 选项卡

为了对层进行快捷识别，Altium Designer 23 提供了丰富的层叠配色。在"Preferences"对话框中，执行"PCB Editor"→"Layer Colors"命令，进入"PCB Editor-Layer Colors"选项卡，如图 1-38 所示，对 PCB 每层颜色进行单独设置。当然，在自定义的层叠配色不合理时，可以直接配置为 Altium Designer 23 默认的配色。用户也可以保存和调用自定义的配色。

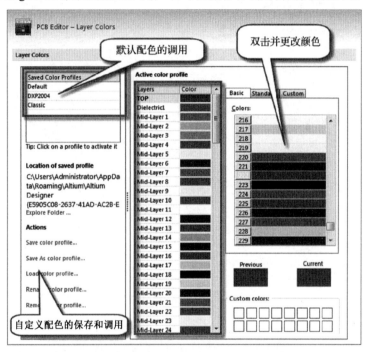

图 1-38　"PCB Editor-Layer Colors" 选项卡

1.5　系统参数的保存与调用

上面对常用系统参数、原理图系统参数及 PCB 系统参数进行了自定义设置。若想在更换计算机或重装软件后，在进行操作时仍可以很方便地调用这些设置，就需要使用参数保存与调用功能。

前面设置的选项卡中都有一个保存及加载选区，通过设置该选区，可以把当前设置的参数保存到目标文件中，文件后缀名为.DXPPrf，如图 1-39 所示。

在需要调用相关系统参数时加载上面保存的 DXPPrf 文件即可。Altium Designer 23 提供了一个将当前计算机的低版本软件设置导入的选项，如果计算机装有低版本的 Altium Designer，那么"导入"按钮就是可执行的。

小 助 手 提 示

　　以上系统参数的配置编著者已经设置好并上传到 PCB 联盟网论坛，读者可以在下载后直接导入，也可以联系编著者索要。

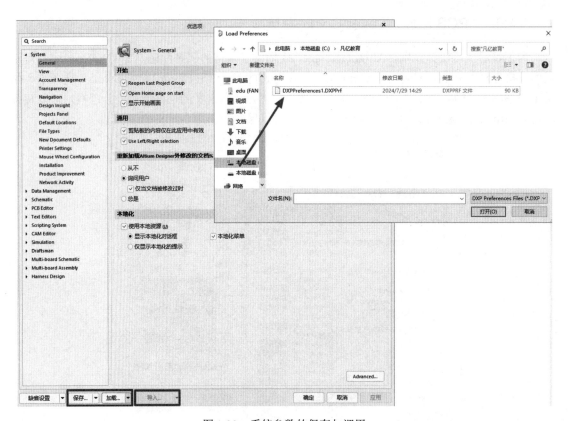

图 1-39　系统参数的保存与调用

1.6　Altium Designer 23 导入/导出插件的安装

　　在 EDA 工具中 Altium Designer 的兼容性是最好的，有时利用其他 EDA 工具设计的原理图、PCB 等文件需要导入 Altium Designer，或者利用 Altium Designer 设计的文件需要导入其他 EDA工具，这时需要用到导入/导出功能。

　　Altium Designer 23 提供了丰富的插件安装功能，因为导入/导出插件使用次数最多，这里详细介绍如何安装导入/导出插件。其他插件的安装方法与此类似。

　　如图 1-40 所示，如果在初始安装软件时勾选了"Importers\Exporters"复选框，就不需要进行任何设置了。如果没有勾选"Importers\Exporters"复选框，那么可以按照如下步骤进行安装。

　　（1）如图 1-41 所示，单击右上角的"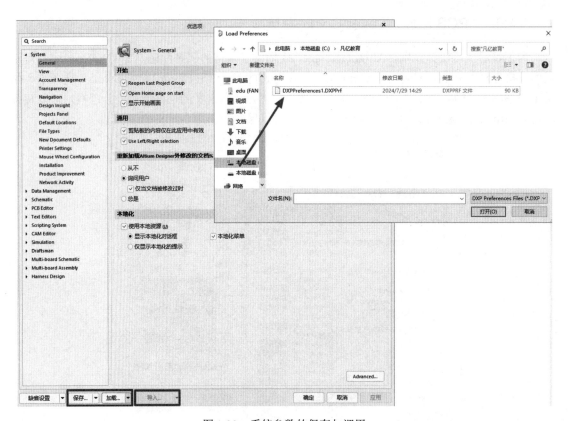"图标，选择"Extensions and Updates"选项，进入插件安装界面，如图 1-42 所示。

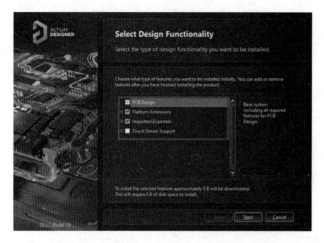

图 1-40　勾选"Importers\Exporters"复选框

图 1-41　插件安装命令

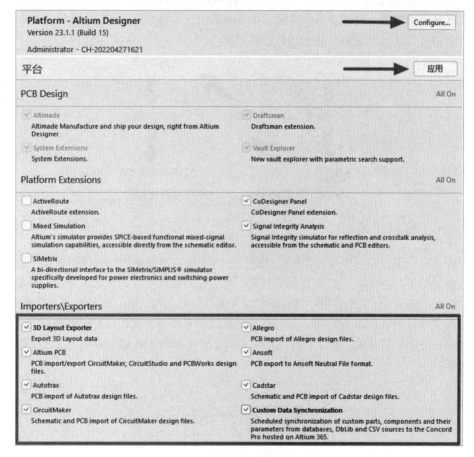

图 1-42　插件安装界面

（2）单击"Configure"按钮，进入"平台"界面，勾选"Importers\Exporters"选区中的复选框（建议全部勾选）。

（3）单击右上角的"应用"按钮，系统会提示"是否应用更改并重新启动软件"，单击"OK"按钮，等待几分钟，在软件重新启动后导入/导出插件就安装完毕了。

1.7 电子设计流程基本概述

Altium Designer 23 常规的电子设计流程包含项目立项、原理图建库、原理图设计、PCB 建库、PCB 设计、生产文件输出、PCB 文件加工。对于这些项目流程做如下简单说明。

（1）项目立项：需要先确认产品的功能需求，并据此完成元器件选型等工作。

（2）原理图建库：根据电子元器件手册中的电气符号创建 Altium Designer 23 映射的电气标识。

（3）原理图设计：通过导入原理图库对电气功能及逻辑关系进行连接。

（4）PCB 建库：电子元器件在 PCB 上唯一的映射图形，衔接设计图与实物元器件。

（5）PCB 设计：交互原理图的网络连接关系，完成电路功能间的布局及布线工作。

（6）生产文件输出：衔接设计与生产的文件，包含 Gerber 文件、装配图等。

（7）PCB 文件加工：制作实际电路板，并将电路板发送到贴片厂进行贴片焊接作业。

以上表述可以通过如图 1-43 所示的流程图描述。

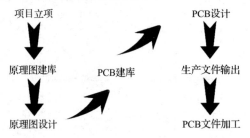

图 1-43　Altium Designer 23 电子设计流程图

1.7.1 工程的组成

熟悉电子设计流程后需要对工程的组成进行一定了解，以便更加细致地把握整个设计流程。工程的组成如图 1-44 所示。一个完整的工程应该包含原理图库文件、原理图文件、封装库文件、网络表文件、PCB 文件、生产文件，并且应保证工程中文件的唯一性，即只保留一份原理图文件、一份封装库文件、一份 PCB 文件等，同时应及时删除所有不相关文件。工程所有相关文件尽量放置到一个路径下面。良好的工程文件管理能够有效提升工作效率，是专业电子设计工程师应具备的重要素质。

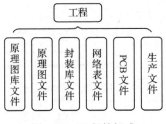

图 1-44　工程的组成

为了便于读者认识 Altium Designer 23 中的文件，表 1-1 中罗列了 Altium Designer 23 电子设计中常见文件的后缀名。

表 1-1　Altium Designer 23 电子设计中常见文件的后缀名

文 件 类 型	文件名后缀名	备　　注
工程文件	.PrjPcb	
原理图库文件	.SchLib	低版本 Altium Designer 生成的文件后缀名为.Lib
原理图文件	.SchDoc	低版本 Altium Designer 生成的文件后缀名为.Sch
封装库文件	.PcbLib	低版本 Altium Designer 生成的文件后缀名为.Lib
网络表文件	.NET	
PCB 文件	.PcbDoc	低版本 Altium Designer 生成的文件后缀名为.Pcb

1.7.2　完整工程的创建

在 Altium Designer 23 中，工程是多个文件之间的关联和设计的相关设置的集合体，所有文件都集合在一个工程下，以便在设计时对其进行集中管理。游离于工程之外的文件称为"Free Documents"，所有针对它的设置及操作都和工程无关，在设计过程中应当尽量避免它们的出现。

1. 新建工程

（1）打开软件，执行"文件"→"新的"→"项目"命令，如图 1-45 所示，出现如图 1-46 所示的"Create Project"对话框。

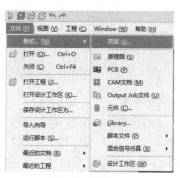

图 1-45　新建工程

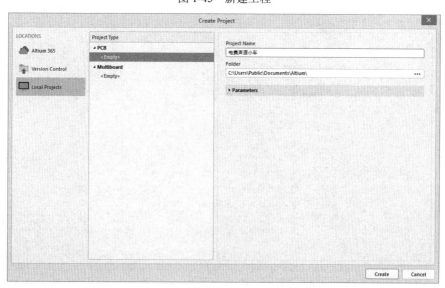

图 1-46　"Create Project"对话框

（2）在"Create Project"对话框中对新建工程属性进行设置。

① 工程类型（Project Type）：选择"PCB"选项。

② 在"Project Name"框中输入工程名称"电赛声源小车"，也可以自定义工程名称；在"Folder"框中设置工程保存路径。设置完成后单击"Create"按钮，一个不带任何其他文件的工程就创建好了。

（3）如果对新建工程名称不满意，在工程文件上单击鼠标右键，如图 1-47 所示，可以通过单击"重命名"选项变更工程名称；也可以通过单击"Close Project"选项关闭工程，再重新创建工程。

图 1-47　工程名称的变更与工程的关闭

2．已存在工程文件的打开与路径查找

（1）在设计过程中可能需要打开已经存在的工程文件，这时可以执行菜单命令"文件"→"打开"（对应快捷键为"Ctrl+O"），也可以单击标准工具栏中的" 🖿 "图标，出现如图 1-48 所示的"Choose Document to Open"对话框，选择工程文件（文件后缀名为.PrjPcb），单击"打开"按钮，即可打开已经存在的工程文件。

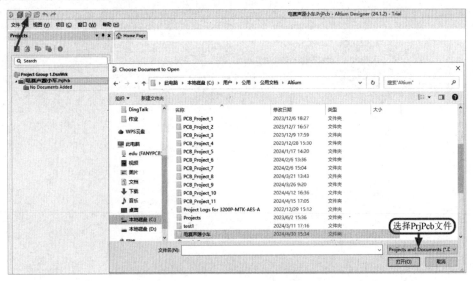

图 1-48　已存在工程文件的打开

（2）有时需要在打开的工程文件中查找工程文件在计算机中的存放路径，可以在工程文件上单击鼠标右键，选择右键下拉式菜单中的"浏览"选项，如图 1-49 所示，查看工程文件存放路径。这种方法可以加快定位，便于管理文件。

图 1-49　工程文件在计算机中存放路径的查找

1.7.3　新建或添加/移除原理图库

1. 新建及保存原理图库

（1）执行菜单命令"文件"→"新的"→"Library"，在弹出的"New Library"对话框中选择"Schematic Library"单选按钮，单击"Create"按钮，如图 1-50 左图所示，即可创建一个新的原理图库。

（2）单击工具栏中的"🖫"图标或按快捷键"Ctrl+S"，弹出如图 1-50 右图所示的对话框，保存新建的原理图库并更改原理图库名称。

图 1-50　原理图库的新建及保存

2. 已存在原理图库的添加与移除

（1）经常需要把已存在的原理图库（公司或个人总结统一的库）添加到已存在的工程目录下，以便调用。可以在工程文件上单击鼠标右键，选择右键下拉式菜单中的"添加已有文档到工程"选项，如图 1-51 所示，在弹出的对话框中选择需要添加的原理图库，保存工程文件即可完成已存在原理图库的添加。

（2）同样，当不需要某个原理图库存在于当前工程目录下时，可以在需要移除的原理图库上单击鼠标右键，选择右键下拉式菜单中的"Remove from Project"选项，如图 1-52 所示，在弹出的对话框中选择需要移除的原理图库即可移除相应的原理图库。

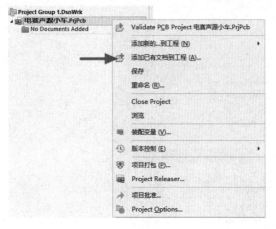

图 1-51　添加到工程　　　　　　　　　　　　　图 1-52　移除出工程

1.7.4　新建或添加/移除原理图

1．新建原理图

（1）执行菜单命令"文件"→"新的"→"原理图"，即可创建一个新的原理图文件。

（2）执行"保存"命令，对新建的原理图文件命名后将其添加到当前工程中。

2．已存在原理图的添加与移除

同原理图库一样，可以对已存在的原理图进行添加与移除操作。

1.7.5　新建或添加/移除封装库

1．新建封装库

（1）执行菜单命令"文件"→"新的"→"Library"，在弹出的"New Library"对话框中选择"PCB Library"单选按钮，即可创建一个新的封装库。

（2）执行"保存"命令，对新建的封装库命名后将其添加到当前工程中。

2．已存在封装库的添加与移除

同原理图库一样，可以对已存在的封装库进行添加与移除操作。

1.7.6　新建或添加/移除 PCB

1．新建 PCB

（1）执行菜单命令"文件"→"新的"→"PCB"，即可创建一个新的 PCB 文件。

（2）执行"保存"命令，对新建的 PCB 命名后将其添加到当前工程中。

2．已存在 PCB 的添加与移除

同原理图库一样，可以对已存在的 PCB 进行添加与移除操作。

上述文件创建并保存之后，一个完整的工程就创建好了。工程包含文件和文件之间的关联，

为了便于后期维护，建议把所有工程相关文件存放在同一个目录下，如图 1-53 所示。

图 1-53　工程中文件和文件之间的关联及文件在本地的存储

Altium Designer 23 采用工程对所有设计文件进行管理，设计文件应该加入工程。单独的设计文件称为"Free Documents"，选中这种文件，直接利用拖曳的方式将其加入已存在的工程，如图 1-54 所示。

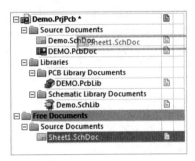

图 1-54　"Free Documents"的拖曳

1.8　本章小结

通过本章对工程的组成及完整工程创建进行的介绍，读者可以充分了解一个完整工程需要的元素，并清楚这些文件的创建方法。

良好的工程文件管理可以有效提升工作效率，是专业电子设计工程师应具备的素质。

第 2 章
原理图库的认识及创建

在用 Altium Designer 23 绘制原理图之前，需要为放置的各种元器件创建元件符号，这些元件符号是元器件在原理图文件上的表示方式。Altium Designer 23 附带丰富的原理图库文件，但是难免会遇到找不到所需元件符号的情况，在这种情况下便需要自己创建元件符号。

Altium Designer 23 提供了一个完整的创建元件符号的编辑器，用户可以根据自己的需求进行编辑或创建。本章将介绍电赛声源小车原理图文件用到的元件符号的多种创建方式的步骤。大家在实际应用过程中，选择其中一种方式创建即可。

 学习目标

➢ 熟悉 Altium Designer 23 的原理图库编辑器界面。
➢ 掌握元件符号创建的软件操作。
➢ 掌握元件符号的多种创建方式。
➢ 熟悉元器件的检查编译方法。

2.1 元件符号的认识

元件符号是元器件在原理图上的表现方式，主要由元器件边框、引脚（包括引脚号和引脚名称）、元器件名称及元器件说明组成。元件符号部分组成如图 2-1 所示。放置的引脚可以用来建立电气连接关系。元件符号中的引脚功能和电子元器件实物的引脚功能是一一对应的。在创建元器件的时候，图形不一定和实物外形完全一样，但是引脚名称和引脚号一定要严格按照电子元器件手册中的说明一一对应好。

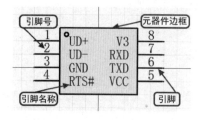

图 2-1 元件符号部分组成

2.2　原理图库编辑器

2.2.1　原理图库编辑器界面

元件符号的制作是绘制原理图最初要执行的步骤。通过在原理图库编辑器中进行放置线、放置引脚、放置矩形等操作，即可创建需要的元件符号。Altium Designer 23 的原理图库编辑器提供了丰富的菜单命令及绘制工具。下面对原理图库编辑器界面进行初步介绍，该界面可分为若干部分，具体如图 2-2 所示。

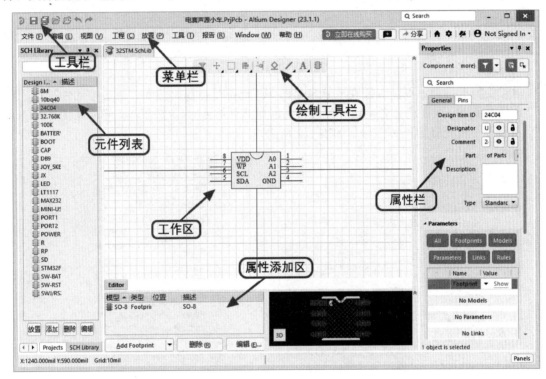

图 2-2　原理图库编辑器界面

1. 菜单栏

（1）"文件"菜单：主要用于完成对各种文件进行的新建、打开、保存等操作。

（2）"编辑"菜单：用于完成各种编辑操作，包括撤销、重做、复制、粘贴等。

（3）"视图"菜单：用于执行视图操作，包括窗口的放大、缩小，工具栏的显示、隐藏，以及栅格的设置、显示。

（4）"工程"菜单：主要用于对工程进行编译、添加、移除等操作，在原理图库编辑器界面中用得不多。

（5）"放置"菜单：用于放置元件符号的各种元素，是创建元件符号用得最多的一个菜单。

（6）"工具"菜单：为设计者提供各类工具，包括对元器件进行重命名及选择等功能。

（7）"报告"菜单：提供元件符号检查报告及测量等功能。

（8）"Window"菜单：改变窗口的显示方式，可以切换窗口为双屏或多屏显示等。

（9）"帮助"菜单：用于查看 Altium Designer 23 的新功能、快捷键等。

2．工具栏

工具栏是菜单栏的扩展显示，为频繁操作的命令提供图标（有时也称窗口按钮）显示形式。为了方便读者认识工具栏中的图标，这里把常用的图标列于表 2-1 中。如果没有看到表 2-1 中的图标，那么按快捷键"B"，在弹出的菜单中选择"PCB 标准"选项即可。

表 2-1　工具栏中常用的图标

图　标	功 能 说 明	图　标	功 能 说 明
💾	保存	💾	保存所有文件
📂	打开	📂	打开项目
↰	撤销	↱	重新执行

3．绘制工具栏

通过绘制工具栏，可以方便地放置常见的 IEEE 符号、线、圆形、矩形等元件符号，如图 2-3（a）所示。根据编著者的设计经验，在创建元件符号时，"放置"菜单［见图 2-3（b）］使用得最多，在此介绍相关图标，如表 2-2 所示。

（a）绘制工具栏中的元件符号

（b）"放置"菜单

图 2-3　绘制工具栏中的元件符号和"放置"菜单

表 2-2　"放置"菜单中图标的功能说明

图　标	功 能 说 明	图　标	功 能 说 明
⌂	IEEE 符号	▢	圆角矩形
¹₀ʃ	引脚	⬠	多边形
╱	线	∿	贝塞尔曲线
⌒	弧	A	文本字符串
⊘	圆圈	▣	文本框
⬭	椭圆	🖼	图像
▢	矩形		

4．工作面板

1）"SCH Library"面板

"SCH Library"面板如图 2-4 所示。

（1）"放置"按钮：把选定的元器件放置到当前原理图文件中。

（2）"添加"按钮：在当前原理图库中添加一个元器件。

（3）"删除"按钮：删除当前选中的元器件。

（4）"编辑"按钮：编辑当前选中的元器件。

2）元器件属性栏

元器件属性栏如图 2-5 所示。

（1）"Add Footprint"按钮：为当前选中的元器件添加封装属性（单击下拉按钮可选择添加引脚信息和 3D 模型等属性）。

（2）"删除"按钮：删除当前选中的元器件封装属性。

（3）"编辑"按钮：编辑当前选中的元器件封装属性。

图 2-4　"SCH Library"面板

图 2-5　元器件属性栏

2.2.2　原理图库编辑器工作区参数

在绘制元件符号前对原理图库编辑器工作区的参数进行设置，从而更有效地进行创建。执行菜单命令"工具"→"文档选项"，打开"Properties"面板，在"General"选区按照图 2-6 所示设置原理图库编辑器工作区的参数。

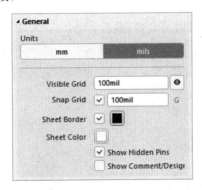

图 2-6　"General"选区

（1）"Visible Grid"选项：设置可见栅格，即在原理图库编辑器界面看到的工作区中的格点。

（2）"Snap Grid"选项：设置捕捉栅格，即元素在原理图库编辑器界面移动或放置时对齐的栅格，通常和可见栅格及原理图界面的捕捉栅格尺寸保持一致。

（3）"Sheet Border"复选框：勾选此复选框，将显示工作区边界。该复选框后的颜色框用于设置工作区边界的颜色。

（4）"Sheet Color"颜色框：设置工作区的颜色。

（5）"Show Hidden Pins"复选框：用来设置是否显示库元器件的隐藏引脚，勾选此复选框，将显示隐藏的引脚。一般勾选此复选框。

（6）"Show Comment/Designator"复选框：勾选此复选框，将显示此原理图库的参数值和位号。

2.3 常用电容符号的创建

电阻和电容是设计中用得非常多的元件，其元件符号很简单。虽然在常规设计中是通过直接复制使用的，但是为了使读者更容易理解和掌握元件符号的组成和绘制方法，下面以常规的方法介绍其创建过程。

2.3.1 添加或新建元件符号

在原理图库编辑器界面的右下角执行"Panels"→"SCH Library"命令，打开"SCH Library"面板，单击面板中的"添加"按钮，添加一个新元件符号；或者执行菜单命令"工具"→"新器件"，新建一个元件符号，如图 2-7 所示。

图 2-7　添加或新建元件符号

2.3.2 为新建元件符号命名

新建元件符号后，可以为元件符号命名。执行"Panels"→"Properties"命令，打开"Properties"面板，在"Design Item ID"框中输入电容名称"CAP"，如图 2-8 所示。

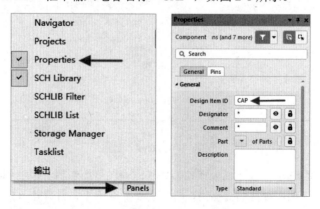

图 2-8　为新建元件符号命名

2.3.3　绘制电容符号

电容可以通过放置两根平行线来表示。执行菜单命令"放置"→"线"，放置两根线，代表电容的两极。在放置的时候，可以按快捷键"V+G+S"，在弹出的"Choose a snap grid size"对话框中设置格点为10mil，如图2-9所示，让两根平行线尽量近点，不至于因占用太大面积而在原理图中占用太大面积。电容符号如图2-10所示。

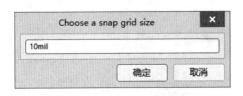

图2-9　设置格点参数

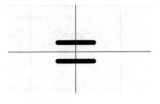

图2-10　电容符号

2.3.4　放置电容的引脚并设置其属性

1．放置引脚

（1）为了规范，引脚移动是基于格点进行的，因此在放置引脚前需要按快捷键"V+G+S"。在弹出的"Choose a snap grid size"对话框中，把格点参数改回来，即改为100mil，如图2-11所示。

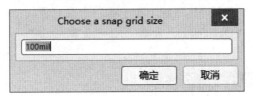

图2-11　放置引脚时的格点参数

在绘制工具栏中单击如图2-12左图所示的图标，光标变成十字式并附着一个引脚符号。

（2）移动光标到合适位置，单击，完成放置，单击鼠标右键或按"Esc"键退出放置状态。

（3）在放置引脚时，引脚一端会出现一个表示引脚电气特性的"×"，如图2-12右图所示。有电气特性的一端需要朝外，以在进行原理图设计时连接电气走线。

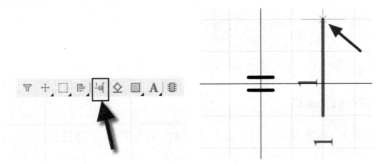

图2-12　放置引脚

（4）在放置引脚的过程中，可以通过空格键来旋转引脚，进而调整方向。

2．设置引脚属性

在放置引脚的过程中按"Tab"键，或者在放置完毕后双击引脚，即可在"Properties"面板中对引脚属性进行设置。将2个引脚的"Name"分别设置为"1"和"2"，并将"Designator"为"1"

的引脚放置到两根平行线上面，将"Designator"为"2"的引脚放置到两根平行线下面，一般设置"Pin Length"为"100mil"，如图 2-13 所示。

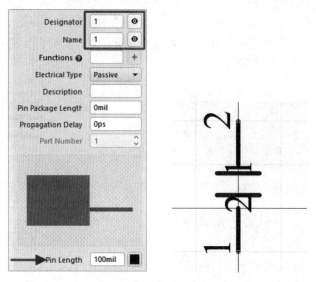

图 2-13　设置引脚属性

在绘制完成后，可以看到电容模型被引脚名称和引脚号影响了，看得不是很清楚，可以在"Properties"面板中，单击"Designator"框和"Name"框后的" ⊙ "图标，隐藏引脚名称和引脚号，如图 2-14 所示。

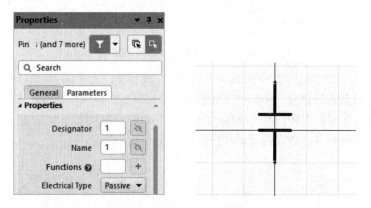

图 2-14　隐藏引脚名称和引脚号

2.3.5　电容属性设置

完成上述步骤后，电容符号的图形元素基本就绘制完毕了，这时需要对绘制好的电容属性进行设置。

先在元件列表中选中该元器件，然后在右下角执行"Panels"→"Properties"命令，打开"Properties"面板。通过在元件列表中双击该元器件也可以打开"Properties"面板。

（1）"General"选项卡：包含元器件位号、Comment 值、描述等，如图 2-15 所示。

①"Designator"选项：元器件位号，即识别元器件的编码，常见的有"C?""R?""U?"。

②"Comment"选项：一般用来填写元器件的大小或型号，相当于 Value 值。

③"Description"框：用来填写元器件的备注信息，如元器件型号、高度等。

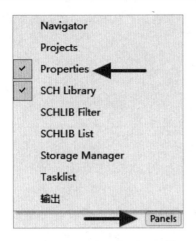 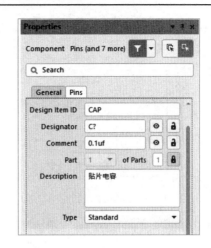

图 2-15 属性栏设置

（2）"Parameters"选项卡：元件符号需要和 PCB 封装、仿真模型相关联，可以在此处添加相关联的模型，单击"Add"按钮，可以选择添加 PCB 封装、仿真模型等（见图 2-16 左图）。在"Add"下拉列表中选择"Footprint"选项，弹出"PCB 模型"对话框（见图 2-16 右图），在该对话框中可以填写 PCB 封装名称等信息，也可以对已存在的 PCB 封装进行移除或编辑操作。

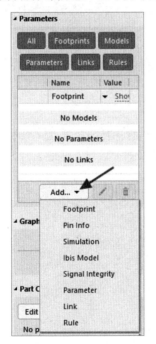 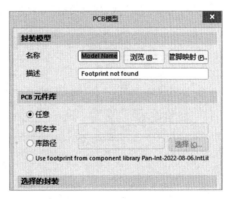

图 2-16 添加模型

2.4 IC 类元件符号的创建——复用开关 IC-74HC4051PW,118

74HC4051PW 是一款具有 118 特性的 16 引脚 IC，引脚信号分为电源、地及传输信号，如图 2-17 所示。对于 IC 类元器件，如何创建其元件符号呢？下面用常规方法创建 IC 元件符号。

（1）执行菜单命令"工具"→"新器件"，新建一个名称为"74HC4051PW,118"的元器件，如图 2-18 所示。

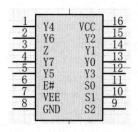

图 2-17　74HC4051PW,118

图 2-18　新建元器件

（2）单击绘制工具栏中的"▢"图标，绘制一个矩形框，如图 2-19 所示。

（3）执行菜单命令"放置"→"管脚"，在放置状态下按"Tab"键，按照图 2-17 所示设置引脚属性并放置，效果如图 2-20 所示。引脚长度默认为 100mil。

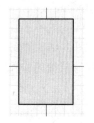

图 2-19　绘制矩形框

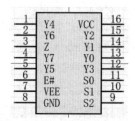

图 2-20　在矩形框上放置引脚的效果

小助手提示

对于多个引脚的放置，可以先在原理图库编辑器界面将引脚放置在大致位置，然后利用 Altium Designer 23 提供的对齐命令进行快速对齐（按快捷键"A"），如图 2-21 所示。

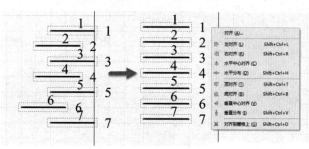

图 2-21　对齐命令

不管是元器件还是引脚，都可以利用这个方法实现快速放置。在实际应用中，通常结合栅格来加以利用。

（4）双击该元器件，对其属性进行设置，如图 2-22 所示，将"Designator"设置为"U?"，将"Comment"设置为"74HC4051PW,118"，将"Description"设置为"复用开关 IC"，以便识别。在"Parameters"选区单击"Add"按钮，选择"Footprint"选项，弹出"PCB 模型"对话框，在该对话框中的"名称"框中填写"TSSOP-16-LP5.7-P0.65"，即可完成此元器件的创建。

图 2-22　74HC4051PW,118 元器件属性设置

2.5　IC 类元件符号的创建——主控 STC12C5204AD-35I-SOP20

我们可以按照 2.4 节的方式创建主控 STC12C5204AD-35I-SOP20 的元件符号，但是从图 2-23 中可以看出，主控 STC12C5204AD-35I-SOP20 的引脚数量不是几个，而是 20 个。对于数量众多的引脚来说，如果一个一个地放置，会耗费大量时间，有没有简单一点的办法呢？

（1）先搜寻主控 STC12C5204AD-35I-SOP20 的数据手册，找到主控的引脚功能表。引脚功能表详细地罗列了引脚的功能名称和对应的引脚号。

（2）为罗列出来的引脚名称和引脚号创建 Excel 文件并保存，如图 2-24 所示。

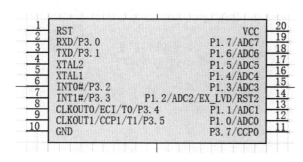
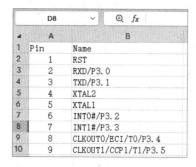

图 2-23　主控 STC12C5204AD-35I-SOP20　　　　图 2-24　为引脚名称和引脚号创建 Excel 文件

（3）在原理图库编辑器界面中，执行菜单命令"工具"→"Symbol Wizard"，如图 2-25 所示，进入元件符号创建向导，即"Symbol Wizard"对话框。

图 2-25　执行菜单命令"工具"→"Symbol Wizard"

（4）在"Symbol Wizard"对话框中，先将"Number of Pins"设置为"64"，然后将"Layout Style"设置为"Dual in-line"，如图 2-26 所示。

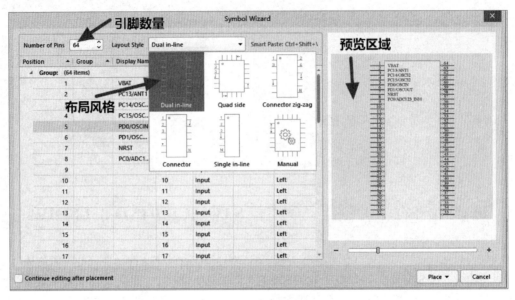

图 2-26　创建向导参数选择

（5）这时可以看到在"Symbol Wizard"对话框中有几项罗列出来的参数，如图 2-27 所示，对于这些参数可以直接把上面创建的 Excel 文件中的数据复制过来。单击"Place"按钮，选择"Place New Symbol"选项，即可完成主控的创建。

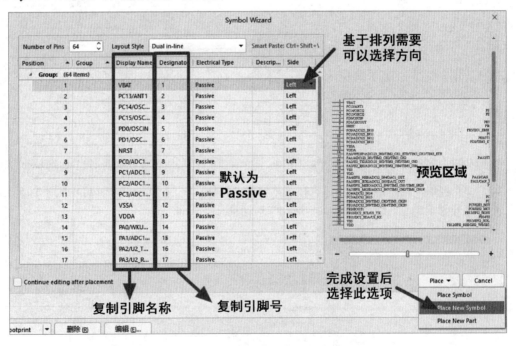

图 2-27　元件符号参数的复制与粘贴

这种方法将一个一个地放置引脚变为批量放置引脚，大大提高了创建原理图库的效率，推荐使用此方法。

2.6　二极管符号的创建

上面介绍了一些常规元素的绘制和引脚的放置方法，但是元件符号是形状各异的。二极管符号（见图 2-28）中的三角形是如何绘制出来的？下面以这个二极管符号的创建实例来进行介绍。

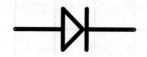

图 2-28　二极管符号

2.6.1　线条绘制方法

（1）执行菜单命令"工具"→"新器件"，创建一个新的元器件，并将其命名为 Diode。

（2）按快捷键"V+G+S"，把格点设置为"10mil"。

（3）按快捷键"P+L"，通过单击绘制三角形，如图 2-29 所示。

图 2-29　二极管绘制过程

（4）将光标移动到三角形顶点，按快捷键"P+L"，绘制一条垂直的线，完成模型本体的绘制操作。

（5）按快捷键"P+P"，放置引脚，引脚名称一般用"A""K"或"1""2"表示。

（6）在元件列表中双击该元器件，参照图 2-30 所示参数在"Properties"面板中设置其属性，至此二极管符号创建完毕。

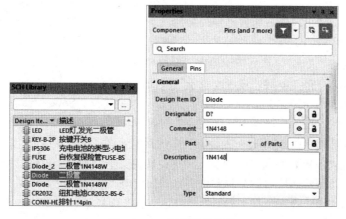

图 2-30　二极管器件属性

2.6.2 多边形绘制方法

对于不同形状的元件符号，可以利用软件提供的多边形绘制方法，此方法通过执行"放置"→"多边形"命令来绘制二极管符号中的三角形，其余步骤一致，此处不再赘述。

在绘制三角形时可以执行菜单命令"放置"→"多边形"，如图 2-31 所示，或者按快捷键"P+Y"，在工作区单击绘制一个等边三角形。双击绘制的三角形，可以对三角形的边界颜色和填充颜色进行设置，如图 2-32 所示，从而实现更丰富的模型渲染效果。

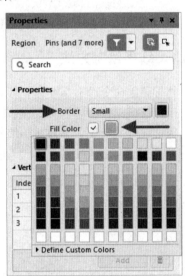

图 2-31 执行"放置"→"多边形"命令　　　　图 2-32 填充颜色的设置

此后的步骤和 2.6.1 节一样。

2.7 三极管符号的创建

如图 2-33 所示，三极管符号和其他元件符号的主要区别在于对射电极箭头的绘制。绘制这个箭头后再补充线条，即可完成三极管符号的绘制。下面根据实际绘制步骤一起来看看吧。

（1）执行菜单命令"工具"→"新器件"，创建一个新的元器件，并将其命名为"三极管"。

（2）先按快捷键"P+L"，然后按快捷键"Shift+空格"，把绘制直线切换为绘制 45°斜线。

（3）在绘制状态下按 Tab 键，进入此线条的属性设置窗口。

（4）如图 2-34 所示，在"End Line Shape"下拉列表中选择"Solid Arrow"选项，这时就可以看到需要的箭头形状，在工作区单击，完成箭头的放置。

（5）继续按快捷键"P+L"，补充元件符号中的其他元素。

（6）按快捷键"P+P"，放置三个引脚，通过旋转使三个引脚分别位于三极管的三个极。

（7）双击引脚，填写对应引脚名称和引脚号，一般用"B""C""E"或"1""2""3"表示。

（8）在元件列表中，双击该元器件，在"Properties"面板中设置相关参数，完成该元件符号的创建。

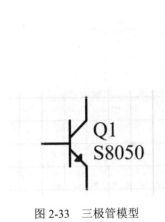

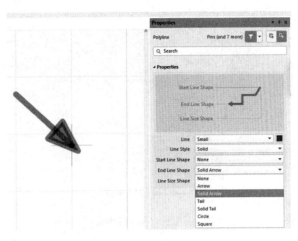

图 2-33　三极管模型　　　　　　　　图 2-34　线条属性设置窗口

2.8　其他类型元件符号的创建

通过上述几个实际元件符号的创建过程，我们应该对元件符号的创建有如下心得。

（1）在绘制元件符号时，设置格点为 10mil。

（2）可以通过选择"放置"菜单下的"弧""椭圆""线""多边形"等选项，绘制更贴切于元器件的元件符号。

（3）绘制完元件符号的图形元素后，格点应该设置为 100mil，以规范引脚的放置。

（4）完成上述步骤之后，即可对元器件的属性进行设置，从而完成元件符号的创建。

基于以上心得，不管遇到什么样的元件符号，都能有条理地将其绘制出来。虽然元件符号只是一个实物元器件在原理图上的一种表示形式，无须对实物尺寸负责，但是仍需要对其进行规范绘制，以提高原理图的可读性。

2.9　元器件的复制

有时我们需要根据需求创建元件符号，但是这样做会花费大量的时间和精力。随着在日常工作中不断积累，对于已存在的元件符号，只需要把它复制到原理图库中即可。

有人先在原理图库里面新建元件符号，然后把已存在的元器件的图形组件（包括图形和引脚）复制过来。这样做的劣势是对于无法复制的元器件参数需要自行核对之后再输入，工作量较大。下面介绍一种快速复制元器件的方法。

（1）在原理图库编辑器界面的右下角执行命令"Panels"→"SCH Library"，如图 2-35 所示，打开"SCH Library"面板。

（2）选择一个或按住"Shift"键选择多个需要复制的元器件。单击鼠标右键，选择"复制"选项，如图 2-36 所示。

（3）在需要复制到的原理图库的元件列表中，单击鼠标右键，选择"粘贴"选项，如图 2-37 所示，完成元器件的复制。

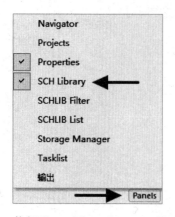

图 2-35　执行"Panels"→"SCH Library"命令

图 2-36　选择"复制"选项

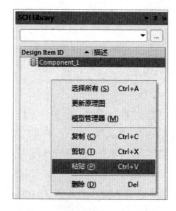

图 2-37　选择"粘贴"选项

2.10　元器件的检查与报告

在了解元件符号的组成并通过几个实战案例知晓原理图库的创建过程后，需要检查创建的原理图库是否满足规范要求，这可以通过 Altium Designer 23 的检查与报告功能来实现。

2.10.1　元器件的检查

（1）打开原理图库编辑器，在元件列表中选中需要检查的元器件。

（2）执行菜单命令"报告"→"器件规则检查"。

（3）在打开的"库元件规则检测"对话框中选择需要检查的报告，如图 2-38 所示。

（4）查看检查报告。报告中常见的报错类型如下。

① Duplicate-Component Names：重复的元器件名称。

② Duplicate-Pins：重复的引脚。

③ Missing-Description：未填写元器件描述。

④ Missing-Pin Name：未填写引脚名称。

⑤ Missing-Footprint：未填写元器件封装。

⑥ Missing-Pin Number：未填写元器件引脚号。

⑦ Missing-Default Designator：未填写元器件位号。

⑧ Missing-Missing Pins in Sequence：在一个序列的引脚号中缺少某个序号。

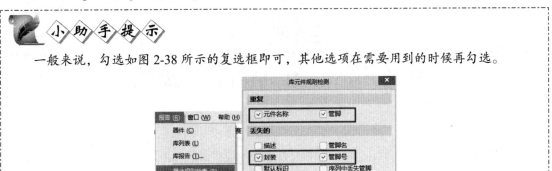

小助手提示

一般来说，勾选如图 2-38 所示的复选框即可，其他选项在需要用到的时候再勾选。

图 2-38　元器件检查报告选项

2.10.2　元器件的报告

（1）打开"SCH Library"面板，选择原理图库中需要检查的元器件。

（2）执行菜单命令"报告"→"器件"，即可得到该元器件的相关信息，如图 2-39 所示。根据报告可进行对应的判断或返回修改我们创建的原理图库。

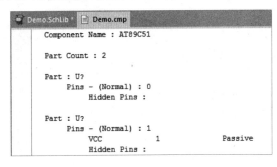

图 2-39　元器件信息报告

2.11　本章小结

本章主要讲述了电子设计中原理图库的设计，先对元件符号进行了概述，然后介绍了原理图库编辑器，接着讲解了原理图库的一些创建方法，对原理图库中不同类型元件符号的创建进行了讲述，有利于读者全方面地掌握不同类型元件符号的创建，最后讲述了元器件的复制。

对于本章涉及的一些实例，由于编著者表达水平有限，可能描述得不够生动，为了解决这个问题，编著者会录制一些实战演示视频，读者可以联系编著者获取。

第 3 章

电赛声源小车原理图的绘制

顾名思义，原理图就是展示电路板上各元器件之间连接原理的图表。在方案开发等正向研究中，原理图是非常重要的，原理图的质量关乎整个电子设计项目的质量。由原理图延伸会涉及 PCB Layout，也就是 PCB 布线。这种布线是基于原理图进行的。通过对原理图进行分析，并结合电路板其他限制条件，设计者可以确定元器件的位置及电路板的层数等。

本章从原理图编辑界面、原理图设计准备开始，一步一步地讲解整个原理图设计过程，读者只需要按编著者介绍的流程进行操作，就可以熟练掌握整个原理图设计过程，完成此次开发板的原理图绘制过程。

 学习目标

➢ 熟悉原理图开发环境。
➢ 熟练掌握元器件的放置方法。
➢ 熟练掌握电气连接关系的设置方法。
➢ 掌握非电气对象的放置方法。
➢ 掌握原理图的编译与检查方法。
➢ 掌握原理图的打印输出方法。

3.1 原理图编辑界面认识

执行菜单命令"文件"→"新的"→"原理图"，创建原理图，进入如图 3-1 所示的原理图编辑界面。

原理图编辑界面主要包含菜单栏、工具栏、绘制工具栏、各种面板、工作区等。

1. 菜单栏

（1）"文件"菜单：主要用于完成对各种文件进行的新建、打开、保存等操作。

（2）"编辑"菜单：用于完成各种编辑操作，包括撤销、取消、复制、粘贴等。

（3）"视图"菜单：用于执行视图操作，包括窗口的放大、缩小，工具栏的显示、隐藏，以及栅格的设置、显示。

（4）"工程"菜单：主要用于对工程进行编译、添加、移除等操作。

（5）"放置"菜单：用于放置电气导线及非电气对象。

（6）"设计"菜单：为设计者提供导出网表、生成原理图库等选项。

（7）"工具"菜单：为设计者提供各类工具。

（8）"报告"菜单：为原理图提供检查报告。

（9）"Window"菜单：改变窗口的显示方式，可以切换窗口为双屏或多屏显示等。

（10）"帮助"菜单：用于查看 Altium Designer 23 的新功能、快捷键等。

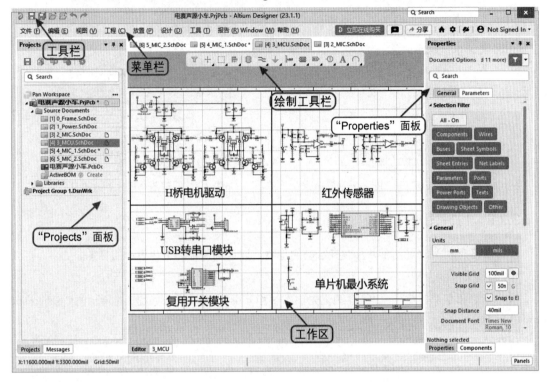

图 3-1　原理图编辑界面

2. 工具栏

工具栏是菜单栏的扩展显示，为频繁操作的命令提供图标显示形式。图标认识可以参考表 2-1。

3.2　原理图页尺寸和栅格的设置

在设计原理图之前一般需要对原理图页进行设置，以提高设计原理图的效率。虽然有时在实际应用中不进行准备设置也没有关系，但是为了提高设计效率，推荐读者进行设置。

3.2.1　原理图页尺寸的设置

（1）在原理图编辑界面执行"Panels"→"Properties"命令，如图 3-2 所示，打开"Properties"面板。

（2）在"Properties"面板中，选择"Page Options"选区中的"Template"选项，选择尺寸合适的原理图页。如果标准模板中没有需要的尺寸，可以选择"Standard"选项，自定义原理图页的尺寸；还可以选择"Custom"选项，定义原理图页的尺寸——在"Width"框中设置原理图页的宽度，在"Height"框中设置原理图页的高度，如图 3-3 所示。

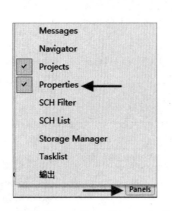

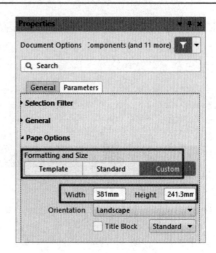

图 3-2 执行"Panels"→"Properties"命令　　图 3-3 原理图页尺寸参数的设置

3.2.2 原理图栅格的设置

设置栅格有利于放置元器件及对齐绘制的导线，以达到规范和美化设计的目的。

1. 栅格大小的设置

执行菜单命令"工具"→"原理图优先项"→"Grids"，可以进入如图 3-4 所示的"Schematic-Grids"选项卡。

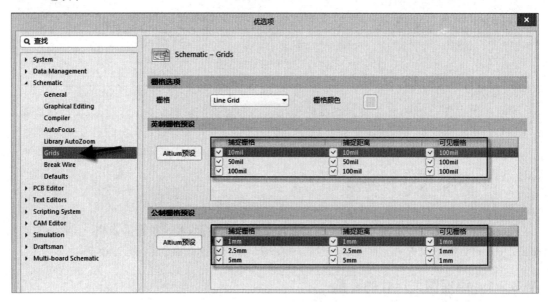

图 3-4 "Schematic-Grids"选项卡

Altium Designer 提供了两种栅格显示方式，即"Dot Grid"和"Line Grid"，用户可以对显示的栅格颜色进行设置，一般推荐将"栅格"设置为"Line Grid"，将"栅格颜色"设置为系统默认的灰色，同时可以对捕捉栅格、捕捉距离与可见栅格的大小进行设置——建议设置为 5 的倍数。

2. 可见栅格的显示/隐藏控制

执行菜单命令"视图"→"栅格"→"切换可视栅格"，如图 3-5 所示，可以控制可见栅格的显示/隐藏。熟悉之后可以通过按快捷键"V+G+V"控制可见栅格的显示/隐藏。

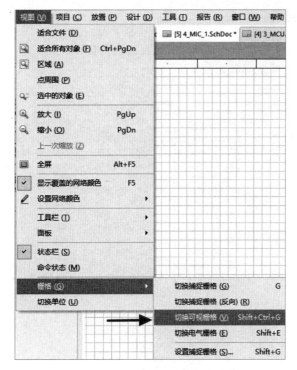

图 3-5　控制可见栅格的显示/隐藏

3．捕捉栅格的设置

执行菜单命令"视图"→"栅格"→"设置捕捉栅格"，如图 3-6 所示，可以对捕捉栅格进行设置。一般将捕捉栅格的大小设置为 5 的倍数，推荐设置为 100mil。

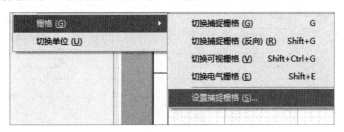

图 3-6　对捕捉栅格进行设置

此处应将栅格设置得和原理图库中的栅格一致，以保证在连接导线的时候不出现偏移现象。

3.3　原理图模板的应用

Altium Designer 提供了一种"半成品"原理图，即"模板"，它默认包含设计中标题栏、外观属性的设置，开发人员可直接调用，以大大提高工作效率。

3.3.1 打开系统默认模板

Altium Designer 23 提供了丰富的模板，主要放置在安装目录下的 Templates 文件夹中，如图 3-7 所示，打开模板文件就可以查看模板。

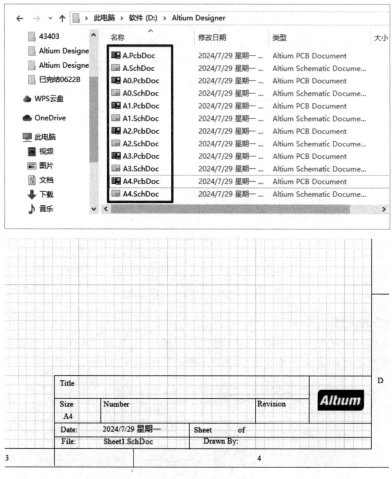

图 3-7　模板

3.3.2 自定义模板

在实际项目中，为了满足设计需求，有时需要自定义模板。

（1）执行菜单命令"文件"→"新的"→"原理图"，新建原理图文件，将其命名为"Demo.SchDoc"，并保存到文件目录下。

（2）基于需求，根据 3.2.1 节和 3.2.2 节介绍的原理图页尺寸的设置方法和原理图栅格的设置方法来设置各项参数并保存。

（3）在原理图文件的右下角，利用菜单命令"放置"→"线"和"放置"→"文本"，绘制一个个性化的标题栏，如图 3-8 所示。如果不会绘制，那么可以在系统提供的模板的基础上进行修改、保存。

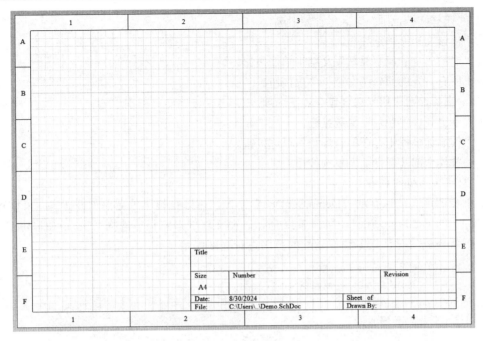

图 3-8　标题栏的绘制

3.3.3　模板的调用

1）系统模板的调用

执行菜单命令"设计"→"模板"→"Local"，选择需要的模板，如图 3-9 所示，弹出"更新模板"对话框，如图 3-10 所示。在该对话框中选择适配的范围后单击"确定"按钮，即可完成更新。

图 3-9　系统模板的调用

图 3-10　"更新模板"对话框

（1）"选择文档范围"选区包含如下选项。

① "仅该文档"单选按钮。

② "当前工程的所有原理图文档"单选按钮。

③ "所有打开的原理图文档"单选按钮。

（2）"选择参数作用"选区包含如下选项。

① "不更新任何参数"单选按钮。

② "仅添加模板中存在的新参数"单选按钮。

③ "替代全部匹配参数"单选按钮。

2）自定义模板的调用

如果要调用之前保存的"Demo.SchDoc"模板，可以执行菜单命令"设计"→"模板"→"Local"→"Load From File"，如图 3-11 所示，在文件保存路径下选择"Demo.SchDoc"模板，并在"更新模板"对话框中选择适配的范围进行更新即可。

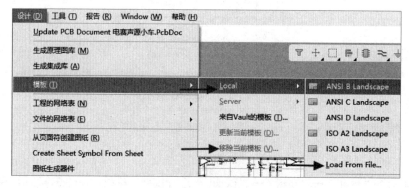

图 3-11   自定义模板的调用与删除

3.3.4   模板的删除

可以将不需要的模板删除。执行菜单命令"设计"→"模板"→"移除当前模板"，就可以删除当前使用的模板，如图 3-11 所示。

3.4   原理图绘制——MIC

准备工作做完后即可正式开始对原理图进行绘制，接下来一步一步地完成电赛声源小车的原理图。由于篇幅有限，仅对几个模块涉及的案例来进行详细讲解。

3.4.1   元器件的放置

先装载或打开创建的原理图库，执行右下角命令"Panels"→"Components"，打开"Components"面板，单击搜索框后的"■"图标，选择"File-based Libraries Preferences"选项，弹出"可用的基于文件的库"对话框，在该对话框中选择需要装载的原理图库。

（1）在"Libraries"面板中选择装载好的原理图库"电赛声源小车.SCHLIB"，如图 3-12 所示。

（2）选择需要放置的元件符号，如 NPN 三极管"NPN-SOT-23-3"，选中该选项后将其拖动到原理图文件中就可以完成该元件符号的放置，如图 3-13 所示。

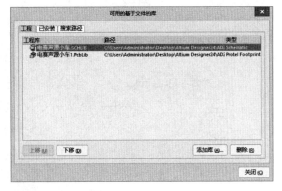

图 3-12　原理图库的装载

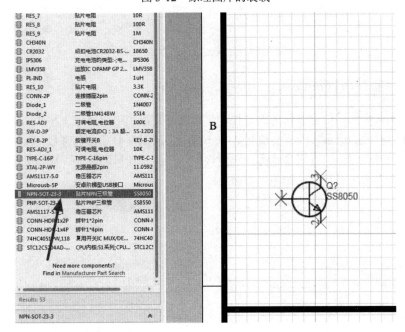

图 3-13　拖动需要放置的元件符号

（3）重复执行上述操作，放置创建的电阻符号。

（4）重复执行上述操作，放置创建的二极管符号。

（5）重复执行上述操作，放置创建的电容符号。

3.4.2　元器件的复制

（1）在设计时需要用到两个同类型的电阻或三极管，对此无须再通过加载原理图库进行放置，可以通过在按住"Shift"键的同时拖动一个电阻或三极管来实现。

（2）若想一次复制多个元器件，可以先同时选中多个元器件，再执行步骤（1）。这种方法可以同时复制多种类型的元器件。

（3）根据实际需要，放置各类元器件。原理图中的元器件放置遵循"同功能模块放在一起"及"均匀美观"原则。

完成元器件放置的 MIC 如图 3-14 所示。

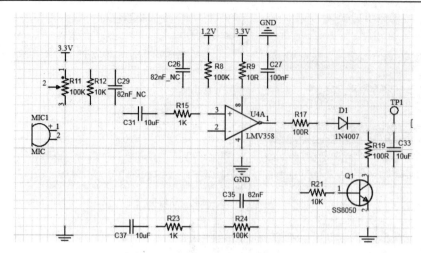

图 3-14　完成元器件放置的 MIC

3.4.3　元器件属性的编辑

电路图中的每个元器件都有相应的属性，包括固有参数和用户自定义参数两类，这些属性定义了与该元器件有关的信息。固有参数是 Altium Designer 运行时的必需参数，如元器件编号、元器件参数值、元器件封装。自定义参数一般包含生产厂商、物料编码等。元器件属性的编辑是通过"Properties"面板来进行的，如图 3-15 所示。

图 3-15　元器件属性对话框

一般来说有 4 种方法可以打开"Properties"面板。

（1）将元器件放到原理图文件中时光标呈十字式，此时按"Tab"键即可打开"Properties"面板。

（2）在放置元器件后双击该元器件，可以打开"Properties"面板。

（3）将光标放在元器件上并按住鼠标左键不放，同时按"Tab"键，即可打开"Properties"面板。

（4）执行菜单命令"编辑"→"更改"，光标会呈十字式，此时单击元器件即可打开"Properties"面板。

1."General"选区

"General"选区用来设置元器件的基本属性（固有参数）。

（1）"Designator"框：元器件位号，元器件的唯一标识，用来标识原理图中的不同元器件，常见的形式有"U？"（IC 类）、"R？"（电阻类）、"C？"（电容类）、"J？"（接口类）。" ◉ "图标用来选择元器件位号是否可见。" 🔒 "图标用来选择元器件位号是否可更改。

（2）"Comment"框：元器件注释，通常用来设置元器件的大小，如电阻的阻值、电容的容值、IC 类元器件的型号。

（3）"Description"框：描述，用来描述元器件的功能，如"数模转换 DAC""逻辑器件；移位寄存器；串转并"等，或者直接填写 IC 类元器件的型号，具体内容根据设计者的实际需求来填写。

（4）"Design Item ID"框：唯一的 ID，系统的标识码，这里可以不用填写，保持系统默认值即可。

2."Parameters"选区

"Parameters"选区用来设置元器件的非电气参数（自定义参数），如元器件的生产厂商、规格等，如图 3-16 所示。

单击"Add"按钮，设置添加属性。"Name"列用来填写参数名称，"Value"列用来填写对应参数，" ◉ "图标用来选择元器件的非电气参数是否可见，" 🔒 "图标用来选择元器件的非电气参数是否可更改。

3."Models"选区

"Models"选区用来添加元器件需要使用的模型——Footprint（元器件封装，是原理图映射到 PCB 的模型）、Simulation（仿真模型）、Signal Integrity（信号完整性分析模型）等。

单击"Add"按钮，在"Add"下拉列表中选择需要使用的模型，如图 3-17 所示。在设计过程中通常需要选择"Footprint"选项。

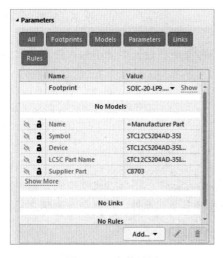

图 3-16　参数设置

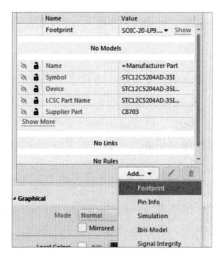

图 3-17　元器件封装设置

选择"Footprint"选项，弹出"PCB 模型"对话框，如图 3-18 所示。在该对话框中设置 PCB 封装的名称，如"SO-16""0402R""SOT23-5"等，并设置 PCB 封装所属封装库路径。若 PCB 封装所属封装库在本工程下，选择"Footprint"选项，弹出"PCB 模型"对话框，则在"PCB 元件库"选区中可以选择"任意"单选按钮，如图 3-18 所示。只要封装库里面有这个名称的 PCB 封装即可匹配；否则，模型通过选择"PCB 元件库"选区中的"库路径"单选按钮来匹配。如果匹配到了 PCB 封装，"选择的封装"选区就会有该 PCB 封装的预览图。

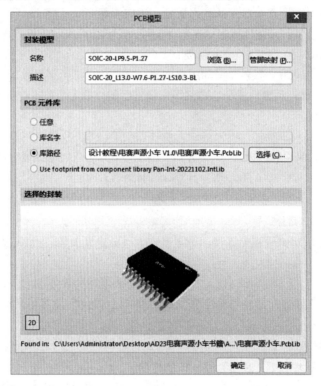

图 3-18　"PCB 模型"对话框

基于以上描述，对放置元器件的属性进行设置。

3.4.4　元器件的选择、移动、旋转及镜像

对工程师来说，元器件的选择、移动及旋转命令是在原理图设计中使用频率最高的，熟练掌握这些命令的使用方法，有助于提高设计效率。

1．元器件的选择

1）单选

直接单击元器件，即可完成单选元器件操作。

2）多选

按住鼠标左键不放，同时拖动鼠标，就可以框选多个元器件；还可以通过按快捷键"S"，在弹出的快捷菜单（见图 3-19）中选择相应的选项，来选择多个元器件。选择命令激活之后，光标变成十字式，可进行元器件的多选操作，如图 3-20 所示。

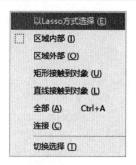

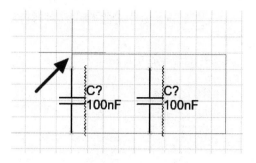

图 3-19　选择命令菜单及选择命令功能描述　　图 3-20　选择元器件——区域内部

2. 元器件的移动

（1）将光标移动到元器件上，按住鼠标左键，直接拖动。

（2）单击选中元器件，按快捷键"M"，在快捷菜单中选择"移动选中对象"选项，在工作区单击，确定元器件移动位置。若在快捷菜单中选择"通过 X,Y 移动选中对象"选项，则可以通过设置 X 轴、Y 轴的值实现元器件的精准移动，如图 3-21 所示。其他常用移动命令释义如下。

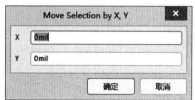

图 3-21　元器件的移动

① "拖动"命令：在保持元器件间电气连接不变的情况下移动元器件。

② "移动"命令：在不保持电气性能的情况下移动元器件。

③ "移动选中对象"命令：用于在多选后进行保持电气性能的移动。

3. 元器件的旋转

为了使电气导线放置更合理或元器件排列整齐，往往需要对元器件进行旋转操作，Altium Designer 23 提供了几种旋转元器件的操作方法。

（1）单击选中元器件，在拖动元器件的情况下按空格键，即可旋转元器件。每按一次空格键元器件就旋转一次。

（2）单击选中元器件，按快捷键"M"，在快捷菜单中选择旋转相关命令。

① "旋转选中对象"命令：逆时针旋转选中元器件，每执行一次此命令元器件就旋转一次，和空格键实现的旋转一样。

②"顺时针旋转选中对象"命令：顺时针旋转选中元器件，可以多次执行，对应快捷键为"Shift+空格键"。

元器件的旋转状态如图 3-22 所示。

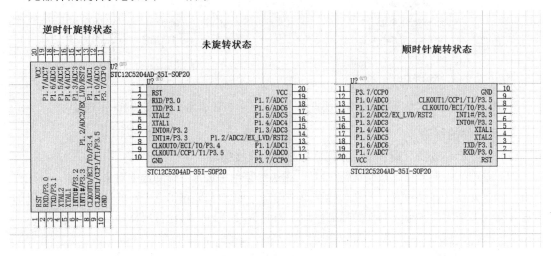

图 3-22 元器件的旋转状态

4. 元器件的镜像

原理图只是电气性能在设计图上的表示形式，对绘制的图形进行水平或垂直翻转不会影响电气性能。选中元器件，在拖动元器件的状态下按"X"键或"Y"键，即可实现元器件关于 X 轴镜像或关于 Y 轴镜像。元器件的镜像状态如图 3-23 所示。

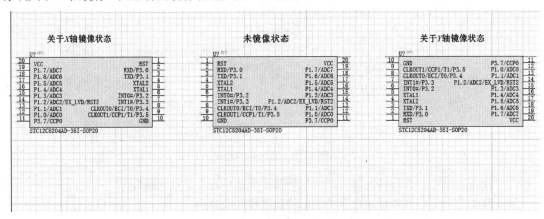

图 3-23 元器件的镜像状态

3.4.5 元器件的复制、粘贴

Altium Designer 23 提供了与 Windows 系统中复制、剪切及粘贴类似的功能，非常方便。

（1）选中需要复制的元器件，执行菜单命令"编辑"→"复制"，或者按快捷键"Ctrl+C"，完成复制。完成复制后，可以直接按快捷键"Ctrl+V"完成粘贴。

（2）选中元器件，如三极管，在按住"Shift"键的同时拖动鼠标，每拖动一次就会复制一个元器件。

3.4.6　元器件的排列与对齐

放置好元器件后，为了使放置的元器件更加规范、美观，可以利用 Altium Designer 23 提供的排列与对齐相关命令来进行操作。

1．调用排列与对齐相关命令的方法

可以通过以下几种方法来调用排列与对齐命令，在进行此步操作前要先选中需要执行相关操作的元器件。

（1）执行菜单命令"编辑"→"对齐"，即可进入排列与对齐命令菜单，如图 3-24 左图所示。

（2）直接按快捷键"A"，即可进入排列与对齐命令菜单。

（3）单击工具栏中的"▦"图标，该命令菜单和排列与对齐命令菜单是一一对应的，如图 3-24 右图所示。

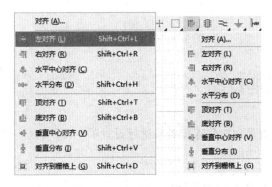

图 3-24　排列与对齐命令

2．对齐效果

为了更加直观地展示排列与对齐相关命令，下面对常用对齐效果进行介绍。

（1）顶对齐、底对齐、左对齐、右对齐效果如图 3-25 所示。

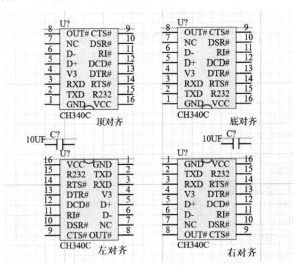

图 3-25　顶对齐、底对齐、左对齐、右对齐效果

（2）等间距对齐包括水平中心对齐和垂直中心对齐，效果如图 3-26 所示。

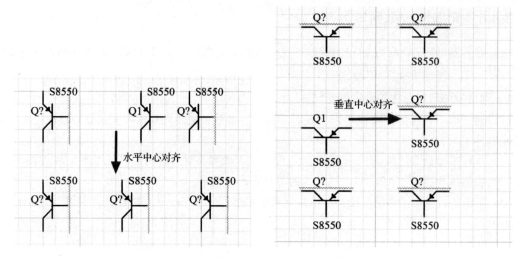

图 3-26　等间距对齐效果

3.5　电气连接关系的设置

元器件放置好之后，就是对电气连接关系进行设置了，其目的是让没有关联的元器件之间形成逻辑联系，组成各个电路功能网。

3.5.1　绘制导线及设置导线属性

导线是用来连接电气元件的具有电气特性的连线。

1. 绘制导线

（1）执行菜单命令"放置"→"线"，如图 3-27 左图所示，或者单击绘制工具栏中的"≈"图标，进入导线放置状态，光标变成十字式。

（2）选择一个元器件的引脚作为开始点，将光标靠近引脚，光标会自动吸附捕捉引脚。此时单击，移动光标到另一个元器件的引脚（作为结束点），单击鼠标右键或按"Esc"键，即可结束此次导线绘制操作，如图 3-27 右图所示。

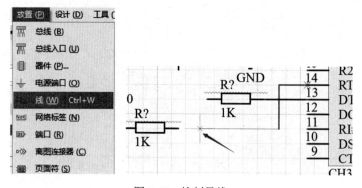

图 3-27　绘制导线

2. 设置导线属性

（1）在导线放置状态下按"Tab"键，在弹出的"Properties"面板中，对导线属性进行设置，如图 3-28 所示。

①"■"颜色框：设置颜色，主要是有针对性地设置一些网络的颜色，如将大电流的导线设置为红色，以便设计者或工程师识别。

②"Width"下拉列表：设置线宽，目的和设置颜色的目的一样。

（2）切换布线角度：在布线状态下按快捷键"Shift+空格键"可以切换布线角度。Altium Designer 23 提供了三种布线角度，如图 3-29 所示。

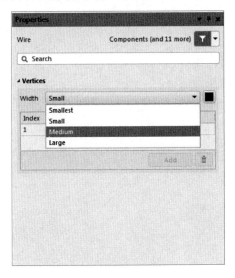

图 3-28　设置导线属性

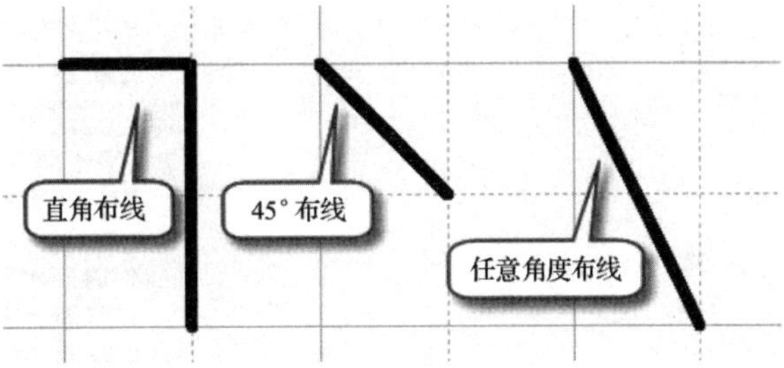

图 3-29　三种布线角度

3.5.2　放置网络标号

在绘制一些连接比较长的网络或连接数量比较多的网络时，如果全部采用导线进行连接，则不利于识别连接关系。这时可以采取网络标号（Net Label）方式来协助设计。网络标号是网络连接的一种形式。

（1）执行菜单命令"放置"→"网络标签"，如图 3-30 所示，或者单击绘制工具栏中的" Netl "图标，进入网络标号放置状态。

（2）把网络标号放置到导线上，这时放置的网络标号都是流水号，如图 3-31 左图所示。

图 3-30　放置网络标号

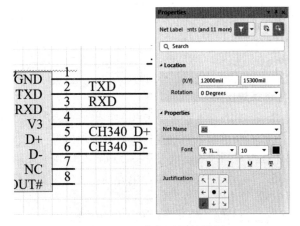

图 3-31　网络标号属性设置

（3）在网络标号放置状态下按"Tab"键，或者双击放置好的网络标号，在弹出的"Properties"面板（见图 3-31 右图）中可以对网络标号的属性进行设置，如对网络标号的颜色、名称、是否锁定等进行设置。一般情况下是对名称进行设置，以提高原理图的可读性。

3.5.3 放置电源及地

对于原理图设计，Altium Designer 23 专门提供了电源及地端口，是一种特殊的网络标号，可以让设计工程师比较形象地识别电源和地。下面针对两种常用的放置方法进行阐述。

1. 直接放置法

（1）单击绘制工具栏中的"⏚"图标，可以直接放置地端口。

（2）单击绘制工具栏中的"ᵛᶜᶜ"图标，可以直接放置电源端口。

（3）单击"⏚"图标，可以打开如图 3-32 所示的常用电源端口菜单，从中选择需要的端口类型进行放置。

图 3-32　常用电源端口菜单

常见电源端口图形如表 3-1 所示。

表 3-1　常见电源端口图形

名　称	图　形	名　称	图　形
放置环型电源端口		放置信号地电源端口	
放置 Bar 型电源端口		放置波纹形电源端口	
放置 GND 端口		放置地端口	

2. 菜单放置法

可以利用菜单命令放置需要的电源端口并设置端口属性。

（1）执行菜单命令"放置"→"电源端口"，进入电源端口放置状态。

（2）在电源端口放置状态下按"Tab"键，进入如图 3-33 所示的面板，对电源端口属性进行设置。和网络标号属性设置类似，电源端口属性设置包括对显示颜色、放置角度、显示图形形状及位置的设置。

①"(X/Y)"框：输入 X 轴和 Y 轴的坐标。

②"Rotation"下拉列表：设置端口的放置角度。

③ "Name"框：设置端口的网络名称，不管电源端口被设计者设计成什么形状，对线路起作用的都是此处的网络名称，它是网络连接关系的标识。

④ "⊙"图标：控制网络名称的显示/隐藏。

⑤ "Style"下拉列表后的"■"颜色框：用于设置端口的显示颜色。

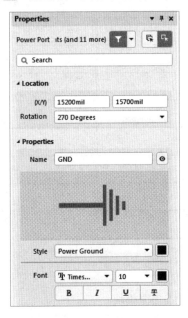

图 3-33　电源端口属性设置

USB 转串口模块电气连接关系的设置如图 3-34 所示。

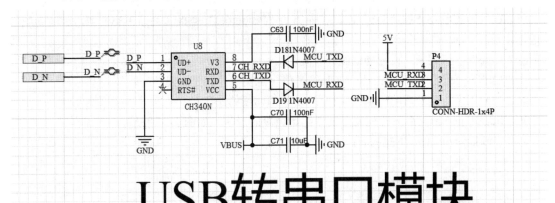

图 3-34　USB 转串口模块电气连接关系的设置

3.6　非电气对象的放置

原理图中的非电气对象包含辅助线、文字注释等，它们没有电气属性，但是可以提高原理图的可读性。本节对常用非电气对象的放置进行说明。

非电气对象的放置主要集中在"◠"图标下，单击此图标，分别对其中包含的非电气对象进行放置。"◠"图标下的图标如表 3-2 所示。

表 3-2   "◠"图标下的图标

序　　号	图　　标
1	◠ 弧 (A)
2	⊘ 圆圈 (U)
3	⬭ 椭圆 (E)
4	▢ 圆角矩形 (O)
5	🖼 图像 (G)...
6	╱ 线 (L)
7	▢ 矩形 (R)
8	▢ 圆角矩形 (O)
9	⬠ 多边形 (Y)

3.6.1　放置辅助线

辅助线可以用来标识信号方向或功能模块。

（1）执行菜单命令"放置"→"绘图工具"→"线"（对应快捷键为"P+D+L"），进入线放置状态。

（2）在合适的位置单击，确定开始点，再次单击，确定结束点，按空格键改变辅助线的方向。

（3）在线放置状态下按"Tab"键，在弹出的"Properties"面板（见图 3-35）中，对辅助线属性进行设置。

① "Line"下拉列表：设置辅助线的宽度。

② "Line Style"下拉列表：选择辅助线类型（是实线的还是虚线的）。

③ "Line"下拉列表后的"■"图标：设置辅助线的颜色。

④ "Start Line Shape"下拉列表：设置起始线段的形状，如图 3-36 所示。

⑤ "End Line Shape"下拉列表：设置结束线段的形状。

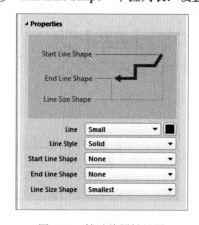

图 3-35　辅助线属性设置

图 3-36　"Start Line Shape"下拉列表

如果需要放置一个指示信号流向的箭头，可以按照图 3-37 所示设置辅助线属性，绘制效果如图 3-38 所示。

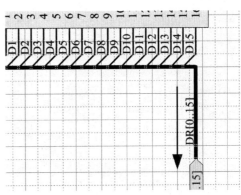

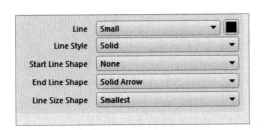

图 3-37　设置辅助线属性　　　　　　　　　　图 3-38　箭头的绘制效果

功能模块分块辅助线如图 3-39 所示。

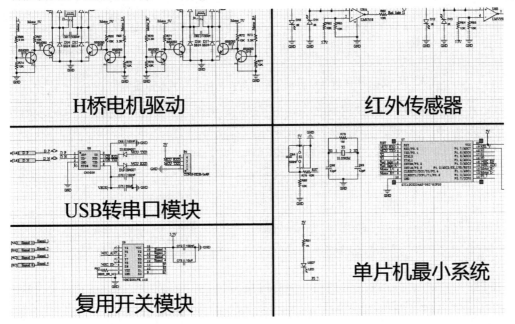

图 3-39　功能模块分块辅助线

　　需要注意的是，菜单命令"放置"→"绘图工具"→"线"和菜单命令"放置"→"线"不同，执行前面一种菜单命令绘制的线是没有电气性能的，执行后一种菜单命令绘制的线是有电气性能的。在设计过程中千万不要用执行前一种菜单命令绘制的线充当电气线，否则会导致电气开路。

3.6.2　放置字符标注

有时需要对功能模块进行说明，或者为特殊元器件添加说明，以提高原理图的可读性。执行菜单命令"放置"→"文本字符串",可以放置字符标注。"H 桥电机驱动"字符标注的属性设置和放置效果如图 3-40 所示。

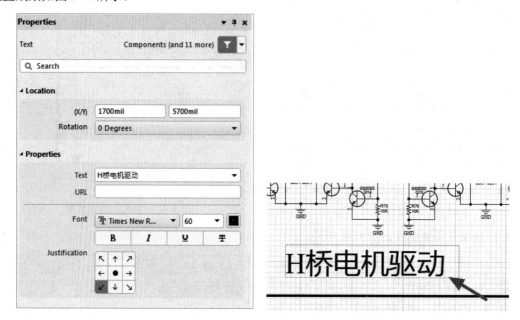

图 3-40 "H 桥电机驱动"字符标注的属性设置和放置效果

到此 H 桥电机驱动模块原理图中的非电气对象的放置就完成了,其他模块非电气对象的放置与此模块类似。最终绘制的原理图如图 3-41 所示。

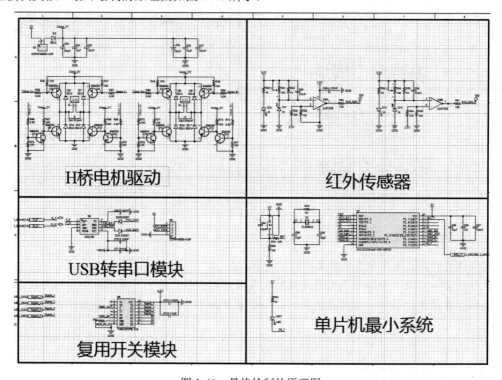

图 3-41 最终绘制的原理图

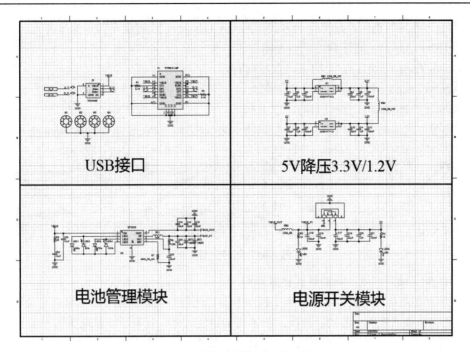

图 3-41　最终绘制的原理图（续）

3.7　元器件位号的重编

绘制原理图经常需要使用复制元器件功能，但是复制元器件会存在位号重复或同类型元器件位号杂乱的现象，这会使后期的 BOM 整理十分不便。位号功能可以对原理图中的位号进行复位和统一，便于设计及维护。

Altium Designer 23 提供了非常方便的元器件编号功能，执行菜单命令"工具"→"标志"→"原理图标注"（对应快捷键为"T+A+A"），进入"标注"对话框，如图 3-42 所示。

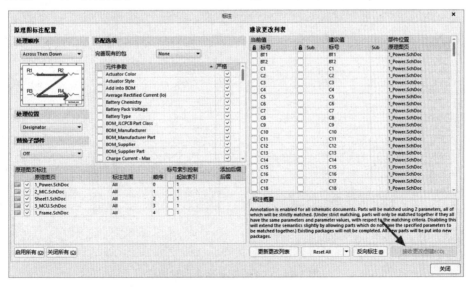

图 3-42　"标注"对话框

（1）"处理顺序"选区：选择位号方式，Altium Designer 23 提供了四种位号方式。

① Up Then Across：自下向上，自左向右。

② Down Then Across：自上向下，自左向右。

③ Across Then Up：自左向右，自下向上。

④ Across Then Down：自左向右，自上向下。

四种位号方式如图 3-43 所示。可以根据需求进行选择，建议选择 Across Then Down 方式。

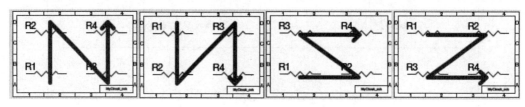

图 3-43　四种位号方式

（2）"匹配选项"区域：保持默认设置即可。

（3）"原理图页标注"栏：用来设定工程中参与标注位号的原理图页，如果想对某原理图页标注位号，就勾选该原理图页前的复选框，若不勾选该复选框，就表示该原理图页不参与编号。

（4）"建议更改列表"区：变更列表，列出了元器件的当前位号和执行自动编号命令之后的新位号。

（5）位号功能按钮如下。

① 单击"Reset All"按钮，将复位所有元器件的位号，使其变成"字母+?"的格式。

② 单击"更新更改列表"按钮，将对元件列表进行位号变更，系统将根据之前选择的位号方式进行位号标注。

③ 单击"接收更改"按钮，会出现如图 3-44 所示的"工程变更指令"对话框。该对话框显示了变更选项，单击"验证变更"按钮可验证变更。在验证通过后，右侧"检测"栏中会出现"√"。在所有变更通过之后，单击"执行变更"按钮，执行变更，即可完成对原理图页中的元器件位号进行重新编辑的操作。

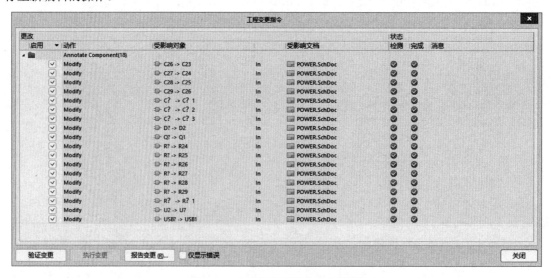

图 3-44　"工程变更指令"对话框

常用元器件位号前缀可以参考表 3-3。

表 3-3　常用元器件位号前缀

元 器 件	位 号 前 缀	元 器 件	位 号 前 缀
电阻	R	整流二极管	ZD
排阻	RN	发光二极管	LED
电容	C	连接器	CON
电解电容	EC	跳线	J
磁珠	FB	开关	K 或 SW
IC 类元器件	U	电池	BAT
模块	MOD	固定通孔	MH
晶振	X	Mark 点	H
三极管	Q 或 T	测试点	TP
二极管	D		

3.8　原理图的编译与检查

好的原理图不仅是完成设计，还需要对其进行常规性检查。在设计完原理图后、设计 PCB 之前，工程师可以利用软件自带的 ERC 功能检查常规的电气性能，避免出现常规性错误、查漏补缺，为正确、完整地导入 PCB 进行电路设计做准备。

3.8.1　原理图编译的设置

（1）在工程文件"电赛声源小车.PrjPcb"上单击鼠标右键，选择"Project Option"选项，或者执行菜单命令"项目"→"Project Option"，在弹出的对话框中击"Error Reporting"选项，进入"Error Reporting"选项卡，对原理图编译参数进行设置，如图 3-45 所示。

①"冲突类型描述"栏：显示了编译查错对象。

②"报告格式"栏：显示了报告类型。

● 不报告：对检查出来的结果不显示报告。

● 警告：对检查出来的结果进行警告。

● 错误：对检查出来的结果进行错误提示。

● 致命错误：对检查出来的结果提示严重错误，并标为红色。

如果需要对某项进行检查，建议将其报告类型设置为致命错误，使其能被比较明显地标示，以便查找定位。

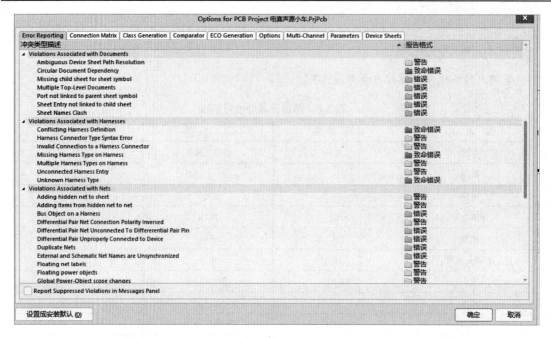

图 3-45　设置原理图编译参数

（2）在一般情况下，常规检查会集中检查以下对象。

① Duplicate Part Designators：存在重复的元器件位号，如图 3-46（a）所示。

② Floating Net Labels：存在悬浮的网络标号，如图 3-46（b）所示。

③ Floating Power Objects：存在悬浮的电源端口，如图 3-46（b）所示。

④ Nets with only one pin：存在单端网络，如图 3-46（c）所示。

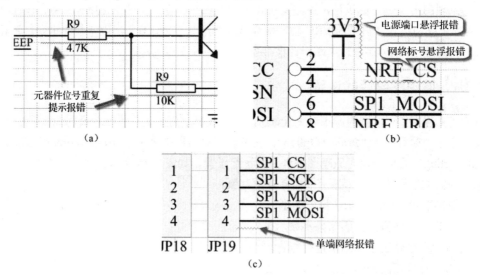

图 3-46　常见编译错误

3.8.2　原理图的编译

（1）设置编译项后即可对原理图进行编译，执行菜单命令"项目"→"Validate 电赛声源小车.PrjPcb"，即可完成原理图编译。

（2）执行"Panels"→"Messages"命令，显示编译报告。相关错误报告会在"Messages"窗格中用红色标记，双击该报告，跳转到原理图对应位置，以便用户查看和检查，如图 3-47 所示。

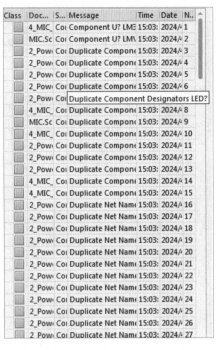

图 3-47　Messages 报告

对于系统默认的错误项，在编译后也要注意一下，或者在设置时弄清楚哪些错误项可以忽略。可以将不可以忽略的错误项设置为"致命错误"类型。

3.9　原理图的打印输出

在使用 Altium Designer 23 设计完原理图后，可以把原理图以 PDF 文件形式输出，进而传递给别人阅读，降低被篡改的风险。Altium Designer 23 是 Protel 99SE 的高级版本，自带 PDF 文件输出功能，即智能 PDF 功能。

（1）执行菜单命令"文件"→"智能 PDF"，进入 PDF 文件的创建向导，如图 3-48 所示。在一般情况下，根据向导进行设置即可。

（2）单击"Next"按钮，进入"选择导出目标"界面，如图 3-49 所示，选择输出的文档范围。

①"当前项目"单选按钮：选择此单选按钮，将对当前整个工程的文档进行 PDF 输出。

②"当前文档"单选按钮：选择此单选按钮，将对当前选中的文档进行 PDF 输出。

（3）在"导出 BOM 表"界面（见图 3-50）中，选择是否输出 BOM。通常单独输出 BOM，所以这里不用勾选"导出原材料的 BOM 表"复选框。

图 3-48　进入 PDF 文件的创建向导

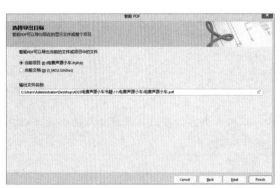

图 3-49　选择输出的文档范围　　　　　　　图 3-50　选择是否输出 BOM

（4）在"导出 BOM 表"界面中，单击"Next"按钮，进入"添加打印设置"界面，如图 3-51 所示，设置 PDF 文件输出参数。通常只对其输出颜色进行设置，其他选项保持默认设置即可。

①"颜色"单选按钮：若选择此单选按钮，则输出的 PDF 文件是彩色的。设计时使用什么颜色，在输出的 PDF 文件中就是什么颜色。

②"灰度"单选按钮：若选择此单选按钮，则输出的 PDF 文件是灰色的。一般不选择此单选按钮。

③"单色"单选按钮：若选择此单选按钮，则输出的 PDF 文件是黑白的。因为黑白 PDF 文件的对比度高，所以建议选择此单选按钮。

（5）在"添加打印设置"界面中，单击"Next"按钮，进入"最后步骤"界面，按照图 3-52 所示进行设置后，单击"Finish"按钮，完成 PDF 文件的输出，并打开 PDF 文件。PDF 文件输出的效果图如图 3-53 所示。

图 3-51　PDF 输出参数设置

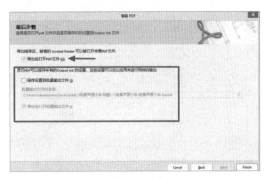

图 3-52　完成 PDF 的输出并打开 PDF

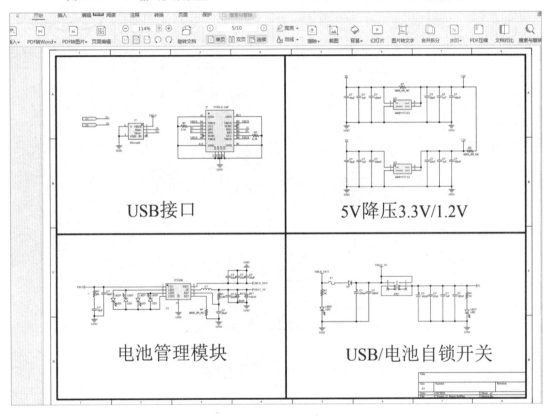

图 3-53　PDF 文件输出的效果图

3.10　BOM

　　BOM 即物料清单。在设计完原理图后，就可以开始整理 BOM 并准备采购元器件了。如何输出设计中用到的元器件信息，以便进行采购呢？这时就会用到 BOM。

　　（1）执行菜单命令"报告"→"Bill of Materials"（对应快捷键为"R+I"），进入 BOM 参数设置界面，如图 3-54 所示。

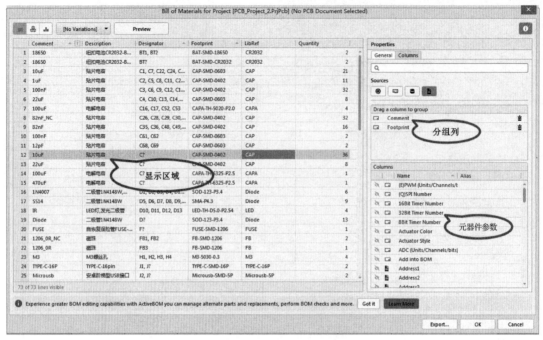

图 3-54　BOM 参数设置界面

（2）一般建议在 "Columns" 选区中设置 "Comment"（元器件值）、"Designator"（位号）、"Footprint"（PCB 封装）及 "Quantity"（元器件数量）为显示状态。完成设置后对应内容会显示在左边 BOM 列表中。

（3）"Drag a column to group" 选区：分组列，让元器件按照特定方式分类。如果想把 "Footprint" 为 "0805R" 且 "Comment" 为 "5.7K" 的电阻分到一组，那么可以把 "Comment" 和 "Footprint"

参数从下面的"Columns"选区拖动到上面的"Drag a column to group"选区中，如图 3-55 所示。

（4）"File Format"下拉列表：用于设置 BOM 的导出格式，一般选择导出后缀名为.xls 的 Excel 文档。

（5）"Template"下拉列表：用于设置导出模板，可以选择"No Template"选项直接输出 BOM，或者使用 Altium Designer 23 提供的模板来生成 BOM。必要时可以用 Excel 打开一个模板看一下，BOM 模板为安装目录下面的"Templates"文件夹（如 C:\Users\Public\Documents\Altium\AD20\Templates）中后缀名为.XLT 的文件，如图 3-56 所示。

图 3-55　拖动到分组列表中

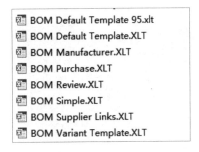

图 3-56　BOM 模板

例如，打开"BOM Purchase.XLT"文件，如图 3-57 所示，其中，"Column=LibRef"表示这一列为各元器件对应的 LibRef 参数值。可以看到，模板上的某些参数是不符合需求的，而有些必需的参数则可能未在模板中提供。这时，需要把模板每列的语句修改一下。例如，将第一列的"Column=LibRef"改为"Column=Designator"，那么这一列就可以显示元器件的位号了。其他列的修改方法与此相同。修改后将模板保存为 XLT 文件，并放到"Templates"文件夹下，就可以在"Templates"下拉列表中看到该模板了。

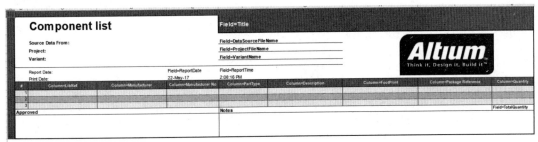

图 3-57　BOM 模板格式

（6）在 BOM 参数设置界面中单击左下角的"Export"按钮，将生成需要的 BOM。在一般情况下，生成的文件保存在工程目录下，或者工程目录下的"Documents"目录中，找到它打开就可以了。

有些用户因安装不到位，"Templates"文件夹下面没有 BOM 模板文件。如果需要，请联系编著者。

3.11 本章小结

本章介绍了原理图编辑界面，并通过对原理图设计流程进行讲解，对原理图设计过程进行了描述，目的是让读者根据本章内容一步一步地设计出自己需要的原理图。

第 4 章

PCB 封装设计规范及创建

经过前面的工作，原理图设计部分就完成了，那么如何把原理图映射到实物上呢？PCB 封装是元器件实物映射到 PCB 上的产物。PCB 封装尺寸不能随意绘制，应该按照电子元器件数据手册进行绘制。原理图库与封装库的结合是电路设计连接关系和 PCB 衔接的桥梁。

本章基于电赛声源小车 PCB 需要创建的 PCB 封装，讲述 PCB 封装的组成、PCB 封装的创建方法。

 学习目标

➤ 熟悉封装库开发环境。
➤ 熟练掌握 PCB 封装的组成，做到在设计 PCB 封装时不遗漏。
➤ 能熟练依据元器件数据手册，处理各类封装数据，准确地输入各类数据，充分考虑元器件封装的补偿值。
➤ 了解 PCB 封装的设计规范，并能将规范充分应用到设计中。
➤ 熟悉 3D 模型创建法及 STEP 模型导入法。

4.1 PCB 封装的组成

一般 PCB 封装组成如图 4-1 所示。

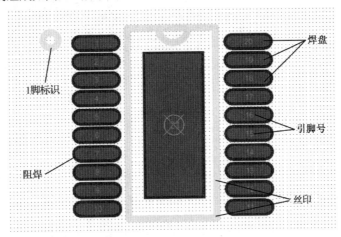

图 4-1 一般 PCB 封装组成

（1）焊盘：用来焊接元器件引脚的载体。

（2）引脚号：用来和元器件进行电气连接关系匹配的序号。

（3）丝印：用来描述元器件腔体大小的识别框。

（4）阻焊：防止绿油覆盖，可以有效地保护焊盘焊接区域。

（5）1脚标识/极性标识：用来定位元器件方向。

4.2 封装库编辑界面

封装库编辑界面主要包含菜单栏、工具栏、绘制工具栏、工作面板、封装列表、层显示及绘制工作区，如图 4-2 所示。丰富的信息及绘制工具组成了非常人性化的交互界面。同原理图库编辑器界面一样，封装编辑界面中的状态信息及工作面板会随绘制工作的不同有所不同，读者可以上机进行体验。

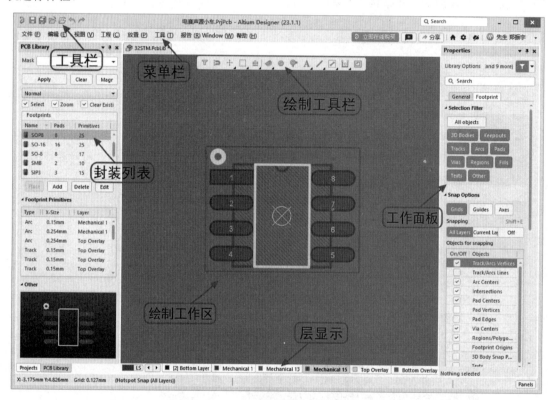

图 4-2　封装库编辑界面

4.2.1　菜单栏

（1）"文件"菜单：主要用于完成对各种文件进行的新建、打开、保存等操作。

（2）"编辑"菜单：用于完成各种编辑操作，包括撤销、取消、复制、粘贴等。

（3）"视图"菜单：用于执行视图操作，包括窗口的放大、缩小，工具栏的显示、隐藏，以及网络的设置、显示。

（4）"工程"菜单：主要用于对工程进行编译、添加、移除等操作。

（5）"放置"菜单：用于放置过孔、焊盘、走线、圆弧、多边形等。

（6）"工具"菜单：为设计者提供各类工具。

（7）"报告"菜单：为 PCB 封装提供检查报告及测量等功能。

（8）"Window"菜单：改变窗口的显示方式，可以切换窗口为双屏或多屏显示等。

（9）"帮助"菜单：用于查看 Altium Designer 23 的新功能、快捷键等。

4.2.2　工具栏

工具栏是菜单栏的扩展显示，为频繁操作的命令提供图标显示形式。为了便于读者认识工具栏中的图标，这里把常用的工具栏图标列于表 4-1 中。

表 4-1　常用的工具栏图标

图　标	功 能 说 明	图　标	功 能 说 明
	打开		保存
	放大		打印预览
	剪切		缩小
	框选		复制
	取消选择		移动
	重新执行		撤销

4.2.3　绘制工具栏

通过绘制工具栏，可以方便地放置圆弧、多边形、线条、焊盘、过孔、文字等元素，以创建 PCB 封装。在创建 PCB 封装时，绘制工具栏中的放置命令用得较多。放置命令对应图标的说明如表 4-2 所示。

表 4-2　放置命令对应图标的说明

图　标	功 能 说 明	图　标	功 能 说 明
	放置中心圆弧		放置边界圆弧
	放置任意弧度		放置完整圆弧
	放置多边形		放置线条
	放置焊盘		放置过孔
	放置文字		

4.2.4　工作面板

在封装库编辑界面的右下角执行命令"Panels"→"PCB Library"，打开"PCB Library"面板，该面板显示了封装列表、PCB 封装信息及 PCB 封装的预览图，如图 4-3 所示。

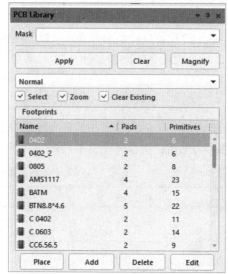

图 4-3　执行"Panels"→"PCB Library"命令及"PCB Library"面板

4.3　常见 PCB 封装的设计规范及要求

　　PCB 封装是元器件实物在 PCB 上的映射。PCB 封装设计的是否规范关系到元器件是否能正确贴片装配，因此需要正确地处理封装数据，以满足实际生产的需求。设计的 PCB 封装无法满足手工贴片；设计的 PCB 封装无法满足机器贴片；设计的 PCB 封装未创建 1 脚标识，在手工贴片时无法识别正反，等等现象时有发生，因此需要设计工程师对自己创建的 PCB 封装进行约束。

　　PCB 封装设计应统一采用公制单位。对于特殊元器件——资料上没有采用公制标注的，为了避免英制到公制转换造成的误差可以采用英制单位。精度要求：在采用 mil 为单位时，精度为 2；在采用 mm 为单位时，精度为 4。

4.3.1　SMD PCB 封装设计

1．无引脚延伸型 SMD PCB 封装设计

图 4-4 给出了无引脚延伸型 SMD PCB 封装尺寸数据，数据定义说明如下。

A——元器件的实体长度。

H——元器件的可焊接高度。

T——元器件的可焊接长度。

W——元器件的可焊接宽度。

X——PCB 封装焊盘宽度。

Y——PCB 封装焊盘长度。

S——两个焊盘的间距。

注：A、T、W 均取数据手册推荐的平均值。

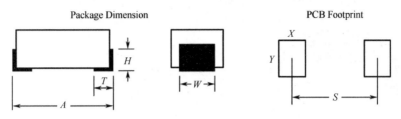

图 4-4 无引脚延伸型 SMD PCB 封装尺寸数据

（该图引自原厂数据手册）

定义：

T_1 为尺寸 T 的外侧补偿常数，取值范围为 0.3～1mm。

T_2 为尺寸 T 的内侧补偿常数，取值范围为 0.1～0.6mm。

W_1 为尺寸 W 的侧边补偿常数，取值范围为 0～0.2mm。

基于实践经验，结合数据手册参数得出以下经验公式：

$$X=T_1+T+T_2$$

$$Y=W_1+W+W_1$$

$$S=A+T_1+T_1-X$$

实例演示如图 4-5 所示，根据图中的数据并结合经验公式，可以得到如下 PCB 封装创建数据。

$$X=0.6\text{mm}（T_1）+0.4\text{mm}（T）+0.3\text{mm}（T_2）=1.3\text{mm}$$

$$Y=0.2\text{mm}（W_1）+1.2\text{mm}（W）+0.2\text{mm}（W_1）=1.6\text{mm}$$

$$S=2.0\text{mm}（A）+0.6\text{mm}（T_1）+0.6\text{mm}（T_1）-1.3\text{mm}（X）=1.9\text{mm}$$

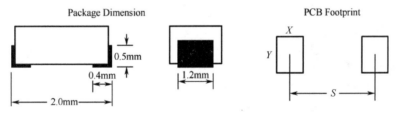

图 4-5 无引脚延伸型 SMD PCB 封装实例数据

（该图引自原厂数据手册）

2. 翼形引脚型 SMD PCB 封装设计

图 4-6 给出了翼形引脚型 SMD PCB 封装尺寸数据，数据定义说明如下。

A——元器件的实体长度。

B——引脚可焊接面积到元器件主体的间距。

C——元器件的主体宽度。

T——元器件引脚的可焊接长度。

W——元器件引脚宽度。

X——PCB 封装焊盘宽度。

Y——PCB 封装焊盘长度。

S——两个焊盘的间距。

注：A、T、W 均取数据手册推荐的平均值。

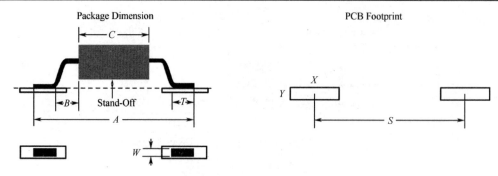

图 4-6　翼形引脚型 SMD PCB 封装尺寸数据

（该图引自原厂数据手册）

定义：

T_1 为尺寸 T 的外侧补偿常数，取值范围为 0.3～1mm。

T_2 为尺寸 T 的内侧补偿常数，取值范围为 0.3～1mm。

W_1 为尺寸 W 的侧边补偿常数，取值范围为 0～0.2mm。

基于实践经验，结合数据手册参数得出以下经验公式：

$$X=T_1+T+T_2$$
$$Y=W_1+W+W_1$$
$$S=A+T_1+T_1-X$$

3. 平卧型 SMD PCB 封装设计

图 4-7 给出了平卧型 SMD PCB 封装尺寸数据，数据定义说明如下。

A——元器件引脚的可焊接长度。

C——元器件引脚间隙。

D——元器件的主体宽度。

W——元器件引脚宽度。

X——PCB 封装焊盘宽度。

Y——PCB 封装焊盘长度。

S——两个焊盘的间距。

注：A、C、W 均取数据手册推荐的平均值。

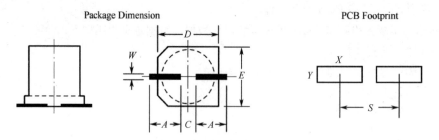

图 4-7　平卧型 SMD PCB 封装尺寸数据

（该图引自原厂数据手册）

定义：

A_1 为尺寸 A 的外侧补偿常数，取值范围为 0.3～1mm。

A_2 为尺寸 A 的内侧补偿常数，取值范围为 0.2～0.5mm。

W_1 为尺寸 W 的侧边补偿常数，取值范围为 $0 \sim 0.5\text{mm}$。

基于实践经验，结合数据手册参数得出以下经验公式：

$$X=A_1+A+A_2$$
$$Y=W_1+W+W_1$$
$$S=A+A+C+A_1+A_1-X$$

4．J 形引脚型 SMD PCB 封装设计

图 4-8 给出了 J 形引脚型 SMD PCB 封装尺寸数据，数据定义说明如下。

A——元器件的实体长度。

D——元器件引脚中心间距。

W——元器件引脚宽度。

X——PCB 封装焊盘宽度。

Y——PCB 封装焊盘长度。

S——两个焊盘的间距。

注：A、D、W 均取数据手册推荐的平均值。

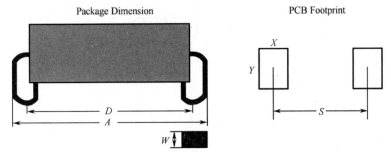

图 4-8　J 形引脚型 SMD PCB 封装

定义：

T 为元器件引脚的可焊接长度。

T_1 为尺寸 T 的外侧补偿常数，取值范围为 $0.2 \sim 0.6\text{mm}$。

T_2 为尺寸 T 的内侧补偿常数，取值范围为 $0.2 \sim 0.6\text{mm}$。

W_1 为尺寸 W 的侧边补偿常数，取值范围为 $0 \sim 0.2\text{mm}$。

通过实践经验，结合数据手册参数得出以下经验公式：

$$T=(A-D)/2$$
$$X=T_1+T+T_2$$
$$Y=W_1+W+W_1$$
$$S=A+T_1+T_1-X$$

5．圆柱式引脚型 SMD PCB 封装设计

圆柱式引脚型 SMD PCB 封装如图 4-9 所示，其尺寸经验公式可以参考无引脚延伸型 SMD PCB 封装的经验公式。

6．BGA 类型 SMD PCB 封装设计

常见 BGA 类型 SMD PCB 封装如图 4-10 所示。此类 PCB 封装可以根据焊盘的间距补偿常数添加补偿值，如表 4-3 所示。

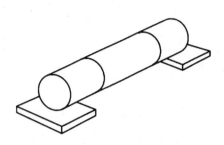

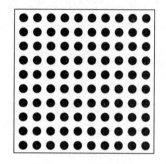

图 4-9　圆柱式引脚型 SMD PCB 封装　　　　图 4-10　常见 BGA 类型 SMD PCB 封装

表 4-3　常见焊盘补偿常数

引脚间距/mm	焊盘直径/mm		引脚间距/mm	焊盘直径/mm	
	最小	最大		最小	最大
1.50	0.55	0.6	0.75	0.35	0.375
1.27	0.55	0.60（0.60）	0.65	0.275	0.3
1.00	0.45	0.50（0.48）	0.50	0.225	0.25
0.80	0.375	0.40（0.40）	0.40	0.17	0.2

注：括号中的值为推荐补偿值。

4.3.2　插件类型 PCB 封装设计

除了 SMD PCB 封装，还有插件类型 PCB 封装，这在一些接插件、对接座等元器件上比较常见。插件类型 PCB 封装焊盘尺寸如表 4-4 所示。

表 4-4　插件类型 PCB 封装焊盘尺寸

焊盘尺寸计算规则	引　脚	物 理 引 脚
圆形引脚使用圆形钻孔 $D'=\begin{cases}\text{引脚直径}D+0.2\text{mm}\ (D<1\text{mm})\\ \text{引脚直径}D+0.3\text{mm}\ (D\geqslant1\text{mm})\end{cases}$		
矩形或正方形引脚使用圆形钻孔 $D'=\sqrt{W^2+H^2}+0.1\text{mm}$		
矩形或正方形引脚使用矩形钻孔 $W'=W+0.5\text{mm}$ $H'=H+0.5\text{mm}$		
矩形或正方形引脚使用椭圆形钻孔 $W'=W+H+0.5\text{mm}$ $H'=H+0.5\text{mm}$		
椭圆形引脚使用圆形钻孔 $D'=W+0.5\text{mm}$		
椭圆形引脚使用椭圆形钻孔 $W'=W+0.5\text{mm}$ $H'=H+0.5\text{mm}$		

4.3.3　沉板的特殊设计要求

1. 开孔尺寸

元器件四周开孔尺寸应保证比元器件最大尺寸单边大 0.2mm（约为 8mil），这样可以保证在装配时元器件能被正常放进去。有的设计者按照数据手册绘制了 PCB 封装，但是实际制作的 PCB 无法正常装配元器件，往往就是由于这个原因。

2. 丝印标注

为了在 PCB 上清晰地标识元器件的位置，其丝印轮廓在原有基础上外扩 0.25mm。为了确保丝印完整地呈现在 PCB 上，丝印必须避开焊盘的阻焊层，根据具体情况选择向外偏移或中断丝印路径。

图 4-11 给出了 RJ45 接口沉板式封装。

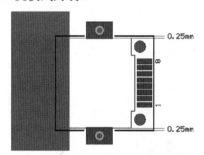

图 4-11　RJ45 接口沉板式封装

4.3.4　阻焊层设计

阻焊层就是 Solder Mask，是指 PCB 上覆盖绿油的部分。实际上阻焊层使用的是负片输出，所以阻焊层的形状在映射到板子上以后，并不是上了绿油，而是露出了铜皮。阻焊层的主要作用是避免在进行焊接时产生桥接现象。

常规设计中常采取单边开窗 2.5mil 的方式，如图 4-12 所示。如果没有特殊要求，可以双击焊盘，在弹出的"Properties"面板中更改或设置规则，以约束阻焊尺寸。

图 4-12　阻焊层单边开窗 2.5mil

4.3.5　丝印设计

（1）字符线宽默认为 8mil（约为 0.2032mm），建议不小于 5mil（0.127mm）。

（2）焊盘在元器件主体内时，丝印轮廓应与元器件主体轮廓等大，或者丝印轮廓比元器件主体轮廓外扩 0.1～0.5mm，以保证丝印与焊盘间保持 6mil 以上的间隙；焊盘在元器件主体外时，丝印与焊盘间保持 6mil 及以上的间隙，如图 4-13 所示。

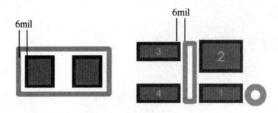

图 4-13　丝印与焊盘的间隙

（3）引脚在元器件主体边缘上时，丝印轮廓应比元器件主体轮廓外扩 0.1～0.5mm，丝印为断续线，丝印与焊盘间保持 6mil 以上的间隙；丝印不要放到焊盘上，以免导致焊接不良，如图 4-14 所示。

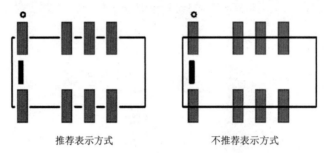

推荐表示方式　　　　　　　　不推荐表示方式

图 4-14　丝印为断续线的表示方法

4.3.6　元器件 1 脚、极性及安装方向的设计

元器件 1 脚标识可以表示元器件的方向，防止在装配时出现 IC 类元器件、二极管、极性电容等装反的现象，这样做有效地提高了生产效率和良品率。

元器件 1 脚、极性及安装方向的设计如表 4-5 所示。在放置时要注意丝印与焊盘间需要保持 6mil 以上的间隙。

表 4-5　元器件 1 脚、极性及安装方向的设计

文 字 描 述	图 形 描 述
圆圈 "〇"	
正极极性符号 "+"	
SMD 元器件、IC 类元器件等的安装标识端用 0.6～0.8mm 的 45°斜角表示	

文 字 描 述	图 形 描 述
BGA 封装元器件用 "1" "A" 表示 1 脚及方向	
IC 类元器件引脚在超过 64 个时，应标注引脚分组标识符号。分组标识符号用线段表示，逢 5、逢 10 的引脚分别用长为 0.6mm、1mm 的线段表示	
接插件等类型的元器件一般用 "1" "2" … "N-1" "N" 标识第 1 脚、第 2 脚……第 N-1 脚、第 N 脚	

4.3.7　常用元器件封装图形

设计师应设计标准的元器件封装图形，表 4-6 中列出了常用元器件封装图形。

表 4-6　常用元器件封装图形

元器件类型	封 装 图 形	备 注
电阻		
电容		无极性；中间丝印未连接
二极管		要标出正极极性符号

续表

元器件类型	封 装 图 形	备 注
三极管/MOS 管	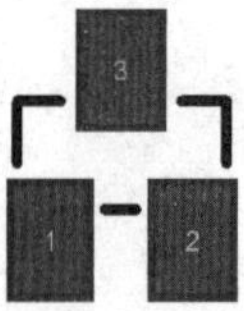	
封装形式为 SOP 的元器件	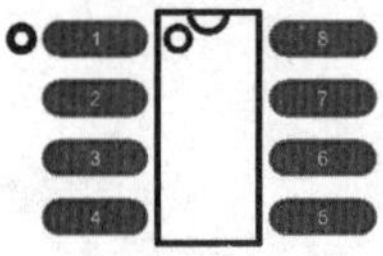	1 脚标识要清晰；引脚号要正确
BGA 封装元器件	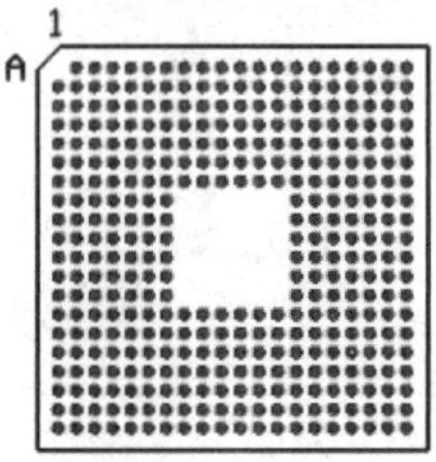	用数字"1"及字母"A"标出元器件 1 脚及方向
插装电阻	水平安装 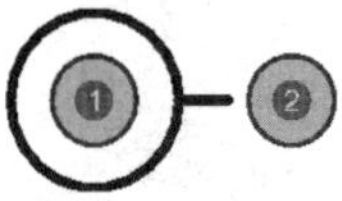 立式安装	注意安装空间
插装电容	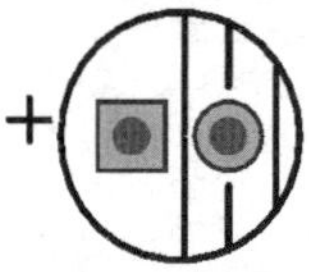 极性电容 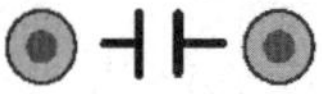 非极性电容	注意极性方向标识

4.4 常规 PCB 封装创建法（0603 电阻 PCB 封装创建）

0603 电阻 PCB 封装是设计中用得较多的 PCB 封装之一，也是 PCB 封装创建较简单的一个常规 PCB 封装。下面以创建 0603 电阻 PCB 封装为例进行介绍，以让读者弄清常规 PCB 封装的常规绘制方法。

（1）在绘制 PCB 封装前，需要搜索 0603 电阻 PCB 封装规格图，如图 4-15 所示，根据此图对其视图和数据进行梳理。

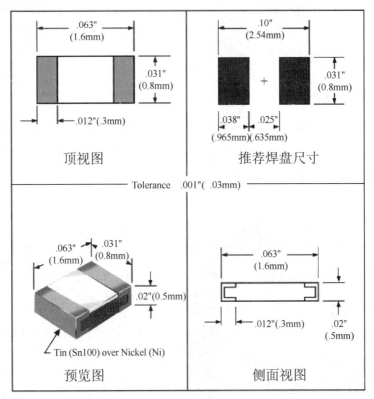

图 4-15　0603 电阻 PCB 封装规格图

（该图引自原厂数据手册）

（2）执行菜单命令"放置"→"焊盘"，放置焊盘。在焊盘放置状态下按"Tab"键，在弹出的"Properties"窗格中设置焊盘属性，焊盘是表贴焊盘，形状为矩形；焊盘尺寸可以按照图 4-15 所示焊盘数据进行设置，在"（X/Y）"框中分别输入"0.965mm""0.8mm"；在"Designator"框中输入"1"，如图 4-16 所示。在封装库编辑界面的绘制工作区放置第一个焊盘。

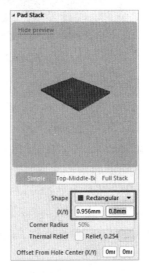

图 4-16　设置焊盘属性

（3）选中放置的焊盘，先按快捷键"Ctrl+C"，单击该焊盘的中心点；再按快捷键"Ctrl+V"，单击该焊盘中心点，在原位置复制一个一样的焊盘。

小助手提示

若焊盘为表贴焊盘，则在"Layer"下拉列表中选择"Top Layer"选项。若焊盘为通孔焊盘，则在"Layer"下拉列表中选择"Multi-Layer"选项。

（4）选中其中一个焊盘，按快捷键"M"，选择"通过 X,Y 移动选中对象"选项，弹出"获得 X/Y 偏移量"对话框，在"X 偏移量"框中输入"1.6mm"，即将焊盘沿 X 轴方向移 1.6mm（这是通过将 0.965mm 和 0.635mm 相加得出的结果）。移动之后，双击被移动的焊盘，在"Designator"框中输入"2"。至此电容焊盘的放置操作完成，如图 4-17 所示。

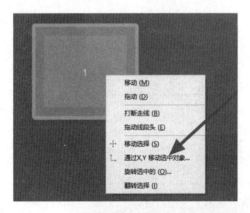

图 4-17　焊盘的精准移动

（5）按快捷键"E+F+C"，将元器件原点移动到元器件中心。

（6）焊盘的组成元素有焊盘、钢网、阻焊。Altium Designer 23 中放置的焊盘包含这三个组成元素。

（7）放置完焊盘，开始绘制丝印。丝印就是标示元器件实体尺寸的元素。由 0603 电阻 PCB 封装规格图可知，0603 电阻 PCB 封装的长、宽分别是 1.6mm、0.8mm。

（8）基于原点居中，绘制一个 1.6mm×0.8mm 的矩形丝印框。但若完全按照这个尺寸来设计，那么丝印就会画到焊盘上。由于丝印是油墨，而焊盘上有阻焊层，阻焊层是用来防止油墨覆盖的，因此产品在生产出来之后丝印就看不到了。基于此考虑添加补偿值，即把丝印框绘制得大些，外扩至焊盘外，如图 4-18 所示。

图 4-18　0603 电阻 PCB 封装的丝印框

4.5　阵列粘贴的 PCB 封装创建法（SOP-8 PCB 封装创建）

除了使用常规方法一个一个地放置焊盘，还可以利用 Altium Designer 23 自带的阵列粘贴功能来加快创建 PCB 封装的进程。下面以电赛声源小车 PCB 中 LMV358 的 PCB 封装 "SOP-8" 的创建为例来进行说明。

（1）在封装列表处，单击鼠标右键，选择 "New Blank Footprint" 选项，创建 PCB 封装。或者执行菜单命令 "工具" → "新的空元器件"，创建 PCB 封装。

（2）PCB 封装创建成功后，封装列表中会出现一个名为 "PCBCOMPONENT_1" 的 PCB 封装，如图 4-19 所示，双击，将其命名为 "SOP-8"。

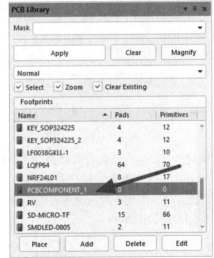

图 4-19　新建一个 PCB 封装

（3）搜索 LMV358 的数据手册，数据手册上详细地列出了焊盘的长和宽、焊盘间距、引脚号和 1 脚标识等参数信息，据此创建其 PCB 封装，如图 4-20 所示。

（4）执行菜单命令 "放置" → "焊盘"，放置一个焊盘，更改焊盘模式为表贴焊盘。

（5）考虑到焊接，在制作 PCB 封装焊盘时通常会加入补偿值。从数据手册可以看出，引脚焊接面长度尺寸是 D1，取中间值（0.5mm），再加上补偿尺寸焊盘长度，取 1.2mm。同理，焊盘宽度（A1）加上补偿值后取 0.6mm。

（6）由图 4-20 可以看出，纵向焊盘到焊盘的中心间距为 A2（1.27mm），选中第一个焊盘，按快捷键 "Ctrl+C"，单击第一个焊盘的中心，按快捷键 "Ctrl+V"，将第一个焊盘成功复制到粘贴板。

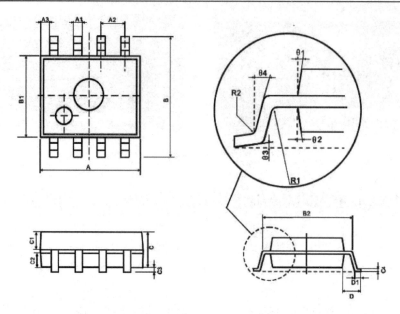

符号	尺寸/mm		符号	尺寸/mm	
	最小值	最大值		最小值	最大值
A	4.95	5.15	C3	0.05	0.20
A1	0.37	0.47	C4	0.20(典型值)	
A2	1.27(典型值)		D	1.05(典型值)	
A3	0.41(典型值)		D1	0.40	0.60
B	5.80	6.20	R1	0.07(典型值)	
B1	3.80	4.00	R2	0.07(典型值)	
B2	5.0(典型值)		θ1	17°(典型值)	
C	1.30	1.50	θ2	13°(典型值)	
C1	0.55	0.65	θ3	4°(典型值)	
C2	0.55	0.65	θ4	12°(典型值)	

图 4-20　LMV358 的数据手册

（该图引自原厂数据手册）

（7）按快捷键"E+A"或执行菜单命令"编辑"→"特殊粘贴"，在弹出的"选择粘贴"对话框中选择"阵列式粘贴"选项，打开"设置粘贴阵列"对话框。

（8）在"设置粘贴阵列"对话框中，设置需要粘贴对象的数量、文本增量，以及线性阵列中 X 轴的间距，具体参数如图 4-21 所示。

图 4-21　设置粘贴阵列

（9）在"设置粘贴阵列"对话框中单击"确定"按钮，即可激活阵列粘贴命令，单击已经放置好的第一个焊盘的中心，即可等间距粘贴 4 个焊盘，效果如图 4-22 所示。（在执行阵列粘贴操作后，第一个焊盘上有一个重叠的焊盘，将其删除即可。）

图 4-22　阵列粘贴效果

（10）选择 4 号焊盘，按快捷键"Ctrl+C"，单击 4 号焊盘中心，按快捷键"Ctrl+V"，再次单击第 4 号焊盘中心，在原处复制 4 号焊盘。

（11）选中一个 4 号焊盘，按快捷键"M"，选择"通过 X,Y 移动选中对象"选项，在"获得 X/Y 偏移量"对话框中，设置焊盘在 Y 轴方向上移 5.6mm［此数据来源为 B（6.0mm）+外补偿值（0.4mm）+外补偿值（0.4mm）-焊盘添加补偿后的长度（1.2mm）=5.6mm］，如图 4-23 所示。移动之后，双击被移动的焊盘，更改焊盘号为 5。

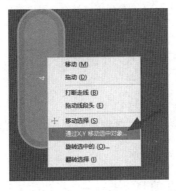

图 4-23　焊盘的精准移动

（12）重复步骤（9）和步骤（10），在 5 号焊盘的 X 轴负方向上复制 3 个焊盘，完成所有引脚焊盘的放置，效果如图 4-24 所示。

图 4-24　焊盘的复制及原点设置

（13）根据表格数据，在丝印层（Top Overlayer）绘制丝印，一般设置丝印线宽为 5mil。

（14）放置 1 脚标识，设置封装原点（对应快捷键为"E+F+C"）。

检查丝印框尺寸、1 脚标识、焊盘尺寸及间距等参数是否有误，完成 2D 封装的创建，创建好的 PCB 封装如图 4-25 所示。

当然也可以为 PCB 封装添加高度及描述信息，如图 4-26 所示，以便布线工程师弄清它的高度。双击封装列表中对应的 PCB 封装名称，即可添加 PCB 封装。

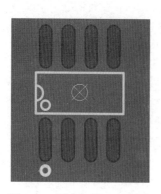

图 4-25　创建好的 PCB 封装

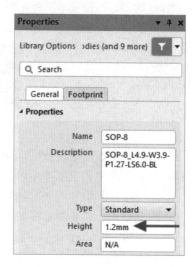

图 4-26　添加元器件高度及描述信息

4.6　IPC 封装向导的使用（SOP20 PCB 封装创建）

作为 PCB 设计工程师，在进行 PCB 设计前需要创建 PCB 封装。一些新手工程师创建的 PCB 封装的误差是否合理、补偿值是否合理是无法判断的，这导致他们制作的 PCB 封装只能满足打样要求，甚至无法使用。

考虑到这种情况，Altium Designer 23 内置了一个 IPC 封装向导，利用此工具创建的封装是满足 IPC 行业标准的。基于此，工程师无须担心制作的 PCB 封装是否能用或是否好用。

这个工具是作为一个插件存在于 Altium Designer 23 中的，在使用之前需要安装此插件（一般默认安装）。如果没有安装，就执行右上角的"Not Signed In"→"EXtensions and Updates"命令，在打开的界面中选择"IPC Footprint Generator"选项，如图 4-27 所示，下载安装该插件。该插件在安装之后，重启软件才会生效。

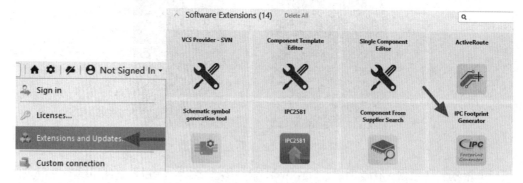

图 4-27　IPC Footprint Generator 插件的安装

下面以创建电赛声源小车的主控 STC12C5204AD-35I-SOP20 的 SOP20 PCB 封装为例进行讲解。

（1）搜索 STC12C5204AD-35I-SOP20 的数据手册，并在其中找到 SOP20 PCB 封装规格图，如图 4-28 所示。

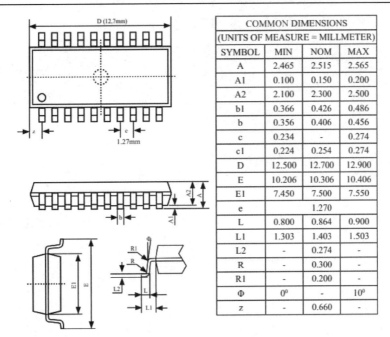

COMMON DIMENSIONS			
(UNITS OF MEASURE = MILLMETER)			
SYMBOL	MIN	NOM	MAX
A	2.465	2.515	2.565
A1	0.100	0.150	0.200
A2	2.100	2.300	2.500
b1	0.366	0.426	0.486
b	0.356	0.406	0.456
c	0.234	-	0.274
c1	0.224	0.254	0.274
D	12.500	12.700	12.900
E	10.206	10.306	10.406
E1	7.450	7.500	7.550
e		1.270	
L	0.800	0.864	0.900
L1	1.303	1.403	1.503
L2	-	0.274	-
R	-	0.300	-
R1	-	0.200	-
Φ	0^0	-	10^0
z	-	0.660	-

图 4-28　SOP20 PCB 封装规格图

（该图引自原厂数据手册）

（2）在封装库编辑界面中，执行菜单命令"工具"→"IPC Compliant Footprint Wizard"，进入 IPC 封装向导界面。

（3）IPC 封装向导中的"Component Types"栏中罗列了很多封装类型，如图 4-29 所示，在此栏中选择"SOP/TSOP"选项。对于 SOP 和 TSOP 而言，只要尺寸、引脚数量一样，PCB 封装就可以共用。

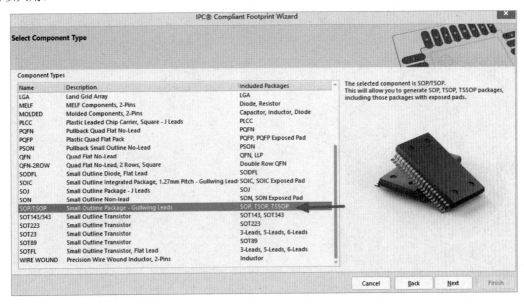

图 4-29　选择创建类型

（4）单击"Next"按钮，进入参数填写界面，填写参数，如图 4-30 所示。在手工绘制 PCB 封装时需要自己计算焊盘的间距及焊盘补偿值，在使用 IPC 封装向导创建 PCB 封装时只需要按照数据手册填写相关参数，软件就会自动生成添加补偿值的 PCB 封装。

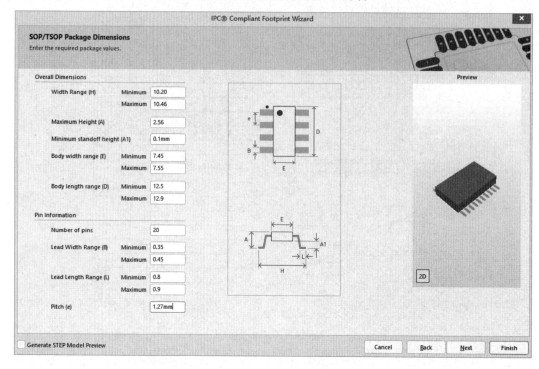

图 4-30 填写参数

（5）按照图 4-30 所示填写参数，PCB 封装基本就创建完成了，后续是对丝印线宽等参数进行确认，一般不进行更改，单击"Next"按钮，直至 PCB 封装创建完成界面，如图 4-31 所示，单击"Finish"按钮。

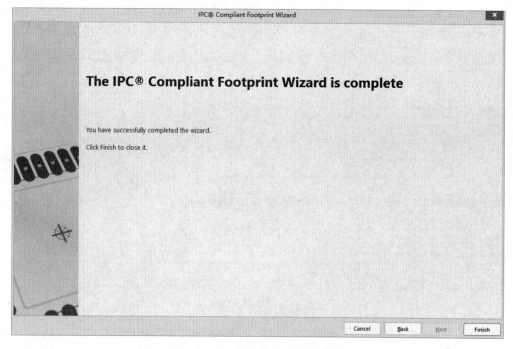

图 4-31 PCB 封装创建完成界面

PCB 封装创建后的 2D 和 3D 视图如图 4-32 所示。

图 4-32　PCB 封装创建后的 2D 和 3D 视图

4.7　常用接插件的 PCB 封装创建（USB 接口）

上面我们通过几种方法创建了一些常用的 SMD PCB 封装，但是在 PCB 设计中不仅仅存在 SMD 元器件，还存在很多插件类型的元器件。很多接插件的 PCB 封装无法用 IPC 封装向导或直接复制的方法进行创建，对此必须基于 PCB 封装尺寸一个焊盘、一个丝印地进行绘制。下面以电赛声源小车中的 10118194-0001LF 为例进行讲解。

（1）搜索对应型号器件的数据手册，查找 PCB 封装参数，如图 4-33 所示。

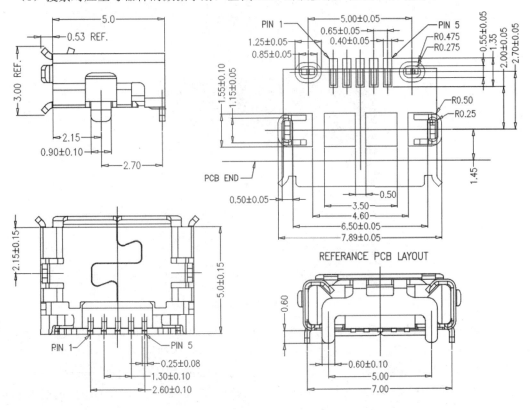

图 4-33　10118194-0001LF PCB 封装规格

（该图引自原厂数据手册）

（2）在封装库编辑界面中执行菜单命令"工具"→"新的空元器件"，新建一个 PCB 封装，在封装列表中双击此 PCB 封装，将其命名为"Microusb-SMD-5P"。

（3）分析如图 4-33 所示的"REFERANCE PCB LAYOUT"部分，放置一个焊盘。在"Properties"面板中设置焊盘属性，将其设置为长度为 1.35mm、宽度为 0.4mm 的焊盘，如图 4-34 所示。

（4）选中此焊盘后利用"特殊粘贴"命令快速等间距放置 5 个焊盘。复制此焊盘，按快捷键"E+A"，在弹出的"选择粘贴"对话框中选择"阵列式粘贴"选项，弹出如图 4-35 所示的对话框，在"对象数量"框中输入"5"，在"X 轴间距"框中输入"0.65mm"。

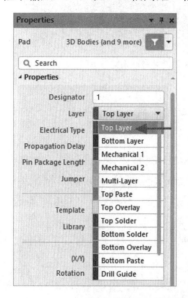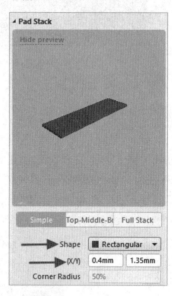

图 4-34　贴片焊盘属性设置

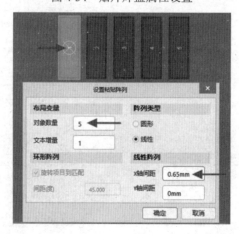

图 4-35　设置粘贴阵列

（5）按快捷键"E+F+C"设置参考点为焊盘中心，如图 4-36 所示，放置两个间距为 5mm，孔径为 0.55mm×0.85mm，焊盘尺寸为 1.25mm×0.95mm 的通孔焊盘的定位孔，如图 4-37 所示。

（6）在原点放置一个通孔焊盘，设置孔径为 0.5mm×1.15mm，焊盘尺寸为 1mm×1.55mm。选中此通孔焊盘，按快捷键"M+X"，将焊盘在 X 轴负方向偏移 3.5mm、在 Y 轴负方向偏移 2.7mm。用同样的方法放置一个通孔焊盘到左边，如图 4-38 所示。

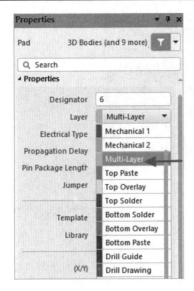 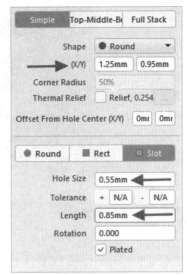

图 4-36　设置通孔焊盘属性

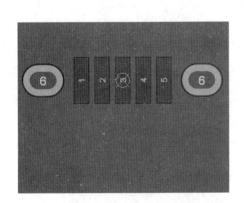 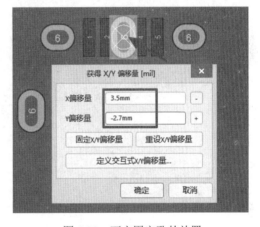

图 4-37　上方固定孔的放置　　　　　　　图 4-38　下方固定孔的放置

（7）按"+"键，切换到"Top Overlay"层，按快捷键"P+L"，开始绘制丝印轮廓；分析元器件在 X 轴、Y 轴方向上的尺寸及参考点，可以先在参考点上放置线条，再按快捷键"M+X"，在弹出的对话框中填写精确偏移尺寸，基于数据手册绘制完整的丝印，如图 4-39 所示。

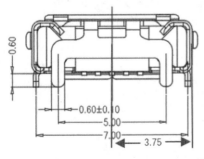 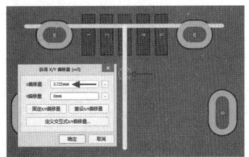

图 4-39　USB 丝印轮廓的绘制

（8）检查并核对数据，看是否有焊盘遗漏、焊盘重叠现象，并对引脚间距、焊盘大小再次进行确认，完成 Microusb-SMD-5P PCB 封装的绘制，如图 4-40 所示。

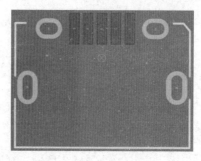

图 4-40　完成的 Microusb-SMD-5P PCB 封装

4.8　PCB 文件生成封装库

有时客户会提供放置好元器件的 PCB 文件，这时就不必一个一个地创建 PCB 封装了，直接从已存在的 PCB 文件中导出封装库即可。

（1）打开目标 PCB 文件。

（2）执行菜单命令"设计"→"生成封装库"，或者按快捷键"D+P"，即可完成封装库的生成，如图 4-41 所示。

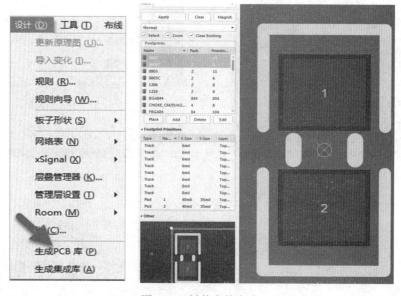

图 4-41　封装库的生成

4.9　3D 模型的创建及导入

Altium 公司在 Altium Designer 6 系列以后不断加强 3D 显示能力，以帮助 PCB 工程师更直观地进行 PCB 设计。Altium Designer 的 3D 模型设计比较简单，只需要建立所需库的 3D 模型。

3D 模型有以下 3 种来源。

（1）用 Altium Designer 23 自带的 3D 元件主体功能建立简单的 3D 模型。

（2）在相关网站下载 3D 模型，并将其导入 3D 体。

（3）用 SolidWorks 等专业软件建立 3D 模型。

4.9.1　常规 3D 模型绘制

用 Altium Designer 23 自带的 3D 元件主体功能，可以创建简单的 3D 模型构架。下面以 0603C 封装为例进行简单介绍。

（1）导入并打开 Nomal 封装库，选择 0603C 封装，如图 4-42 所示。

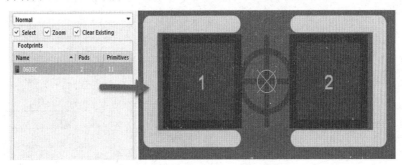

图 4-42　选择 0603C 封装

（2）先确定"Mechanical"层已打开，因为 3D 元件主体只有在 Mechanical 层才能放置成功。跳转到"Mechanical"层，执行菜单命令"放置"→"3D 元件主体"，出现如图 4-43 所示的 3D 模型模式选择及参数设置对话框。

图 4-43　3D 模型模式选择及参数设置对话框

（3）按照 0603C 封装规格在高度信息填写处填写相关参数，如图 4-44 所示。

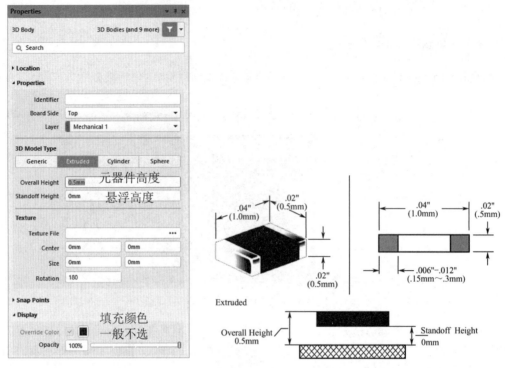

图 4-44　0603C 封装规格及填写参数

（右侧图引自原厂数据手册）

（4）按照 0603C 的丝印框绘制一个 3D 元件主体，如图 4-45 所示。

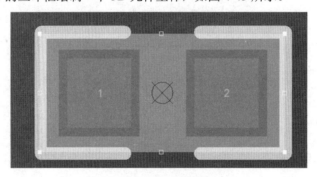

图 4-45　绘制 3D 元件主体

（5）绘制完成后一般会切换到 3D 视图，在此之前一般先检查 3D 显示选项设置是否正常，按快捷键"L"，打开"View Configuration"面板，如图 4-46 所示，按照图 4-46 所示设置相关选项。

（6）设置好后，在封装库编辑界面再切换到 3D 视图（按快捷键"3"），查看绘制好的元器件的 3D 效果，如图 4-47 所示。

小助手提示

　　在 3D 视图下，按住"Shift"键，按住鼠标右键，可以对 3D 模型进行旋转操作，从而从各个方向查看 3D 模型的情况。

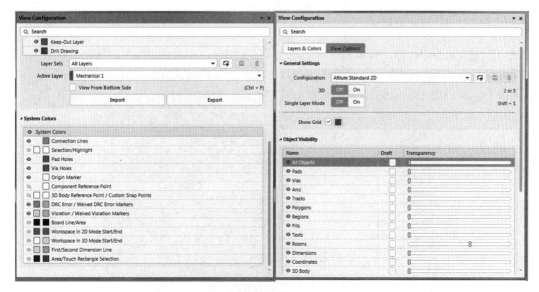

图 4-46　3D 显示选项设置

图 4-47　绘制好的元器件的 3D 效果

（7）存储绘制好 3D 模型的封装库，在封装列表中单击鼠标右键，选择"Update PCB With 0805"选项，更新此库到 PCB 中即可。同样，在封装库编辑界面中切换到 3D 视图即可查看效果，如图 4-48 所示。

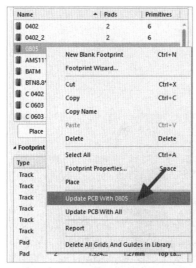

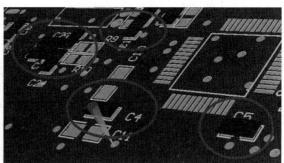

图 4-48　3D 效果预览

4.9.2　STEP 模型导入

对于一些复杂的 3D 体，可以利用第三方软件进行创建，或者通过第三方网站下载相关资源。将 3D 体保存为 STEP 格式文件之后，利用导入方式放置 3D 体，下面对这种方法进行介绍。

（1）导入并打开 Normal 封装库，选择 0603C 封装，如图 4-49 所示。

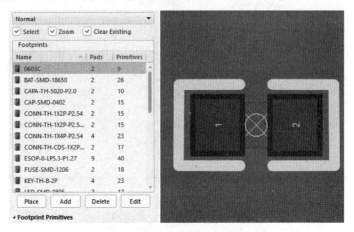

图 4-49　选择 0603C 封装

（2）跳转到 Mechanical 层，执行菜单命令"放置"→"3D 体"，会出现如图 4-50 所示的窗口，单击"0606 SMD Capacitor.step"文件，即可加载 0603C 的 STEP 格式的 3D 体文件。

图 4-50　STEP 格式的 3D 体文件

（3）设置 3D 体的角度，将 3D 体放置到相应的焊盘处，切换到 3D 视图查看放置效果，如图 4-51 所示。

图 4-51　放置好的 3D 体

（4）此时可以看到 3D 模型倾斜了，需要进行手工调整。在 3D 视图下双击 3D 模型，打开如图 4-52 左图所示的面板，调整 X 轴、Y 轴、Z 轴的坐标值，直到模型放正，3D 效果如图 4-52 右图所示。

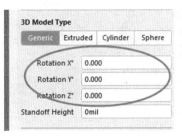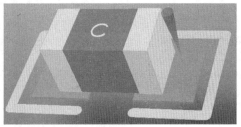

图 4-52　3D 体的参数调整及最终 3D 效果

（5）存储制作好的 3D 封装库，更新此 PCB 封装到 PCB 设计文件中，切换到 3D 视图，即可查看制作的元器件的 3D 效果，如图 4-53 所示。

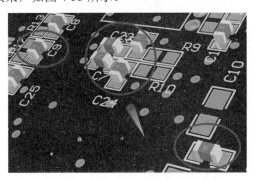

图 4-53　3D 效果图

小 助 手 提 示

在设计 PCB 封装时，一般要考虑裕量，PCB 封装的焊盘会做得比实际大一些，而通过 STEP 格式导入的 3D 模型为实际大小，和 PCB 封装存在一定差异，此时居中放置即可。

一些常见的 PCB 封装或 3D 模型其实不用自己制作，可以从第三方网站（如 IC 封装网）直接下载，在下载后调到项目当中就可以使用了。

4.10　PCB 封装的复制

类似于原理图库，在拥有多个 PCB 封装时，为了便于管理，需要把多个 PCB 封装合并到一个库中。

（1）在封装库编辑界面的右下角执行"Panels"→"PCB Library"命令，打开"PCB Library"面板。

（2）按住"Shift"键，在封装列表中选中需要复制的 PCB 封装。

（3）单击鼠标右键，选择"Copy"选项，或者按快捷键"Ctrl+C"。

（4）在需要合并的目的封装库的封装列表中单击鼠标右键，选择"Paste N Components"选项，或者按快捷键"Ctrl+V"，完成从其他封装库复制 PCB 封装到当前封装库的操作，如图 4-54 所示。

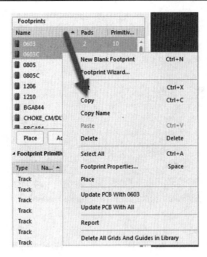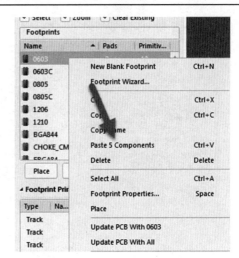

图 4-54　元器件 PCB 封装的复制与粘贴

4.11　PCB 封装的检查与报告

Altium Designer 23 提供 PCB 封装错误的检查功能。在创建 PCB 封装后，可以执行菜单命令"报告"→"元件规则检查"，打开"元件规则检查"对话框，如图 4-55 所示，对创建的 PCB 封装进行常规检查。

为了便于读者充分认识 PCB 封装的检查功能，这里对常见的 PCB 封装规则检查错误进行介绍。

（1）Duplicate-Pads：检查重复的焊盘。

（2）Duplicate-Primitives：检查重复的元素，包括丝印、填充等。

（3）Duplicate-Footprints：检查重复的 PCB 封装。

（4）Constraints-Missing Pad Names：检查 PCB 封装中缺失的焊盘名称。

（5）Constraints-Shorted Copper：检查导线短路。

（6）Constraints-Mirrored Component：检查镜像的元器件。

（7）Constraints-Unconnected Copper：检查没有连接的导线。

（8）Constraints-Offset Component Reference：检查参考点是否在本体进行设置。

（9）Constraints-Check All Components：检查所有 PCB 封装。

一般为了确保创建的 PCB 封装的正确性，会按照图 4-55 所示设置对 PCB 封装进行常规检查，如果需要特别检查某项，勾选相应选项前的复选框即可。单击"确定"按钮后，系统会生成一个如图 4-56 所示的报告，从该报告中可以获得 PCB 封装检查相关信息，进而更正 PCB 封装。

图 4-55　"元件规则检查"对话框

图 4-56　PCB 封装检查报告

4.12　本章小结

本章主要讲述了封装库编辑界面、标准 PCB 封装与异形 PCB 封装的创建方法、PCB 封装的设计规范及要求；还讲述了 3D 模型的创建方法，有利于读者充分理解原理图库、封装库及它们之间的相互关联性。

为了便于读者学习，本书提供了丰富的 2D 标准库和 3D 库文件，读者可以从 IC 封装网上直接下载，或者联系编著者获取。

第 5 章

电赛声源小车的 PCB 布局

一个优秀的电子工程师不仅要求原理图制作得完美，还要求 PCB 设计得完美，而 PCB 设计得再完美，一旦原理图出了问题，也会前功尽弃，甚至可能需要从头再来。原理图和 PCB 是相辅相成的，很多新手虽可以绘制一些简单的 PCB，但是对于稍微复杂的 PCB，就会错误百出，这是由于没有掌握规范的设计流程、不具备完善的设计思路导致的。初学者一定要按照规范的设计流程来培养良好的素养，在规范的设计流程中规范每一个步骤，就可以很好地设计出既美观又实用的 PCB。

 学习目标

- ➤ 掌握 PCB 布局的规范设计流程。
- ➤ 掌握板框的定义方法。
- ➤ 掌握交互式布局及模块化布局的操作方法。
- ➤ 能罗列出常用 PCB 布局规范。

由于篇幅限制，书中有些操作步骤叙述得不够详细，可以参考由凡亿教育录制的 PCB 设计演示视频教程，相信读者可以更快地掌握 PCB 设计。

5.1 原理图导入 PCB 及常见导入问题分析

在绘制 PCB 前，要先对原理图与 PCB 进行交互导入。可以在之前创建的工程中执行菜单命令"文件"→"新的"→"PCB"，创建一个新的 PCB，按快捷键"Ctrl+S"进行保存，并将 PCB 文件命名为"电赛声源小车"。确保这个 PCB 文件在当前工程中，如图 5-1 左图所示。如果该 PCB 文件是"Free Documents"（见图 5-1 右图）是不能导入成功的，一定要注意这一点。

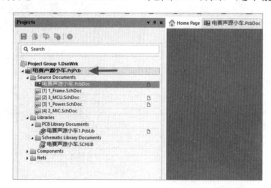 

图 5-1　确保新建的 PCB 在当前工程中

5.1.1　原理图导入 PCB

（1）双击打开任意一个原理图文件，在原理图编辑界面中，执行菜单命令"设计"→"Update PCB Document 电赛声源小车.PcbDoc"，或者双击打开需要导入原理图的 PCB 文件，执行菜单命令"设计"→"Import Changes From 电赛声源小车.PrjPcb"，进入"工程变更指令"对话框。

（2）直接单击"执行变更"按钮，如图 5-2 所示，不需要验证变更。如果有错误，则后续再进行针对性的处理。

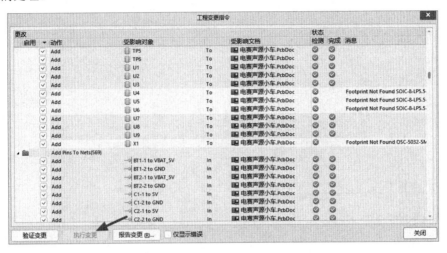

图 5-2　单击"执行变更"按钮

在变更执行过程中，如果"状态"栏显示"×"，则表示导入出现问题，此时对应的"消息"栏会显示具体的报错信息；如果"状态"栏显示"√"，则表示该项已成功完成了导入。

勾选"工程变更指令"对话框中的"仅显示错误"复选框，如图 5-3 所示，没有成功导入的项将全部显示出来。至此，第一次导入过程完成。

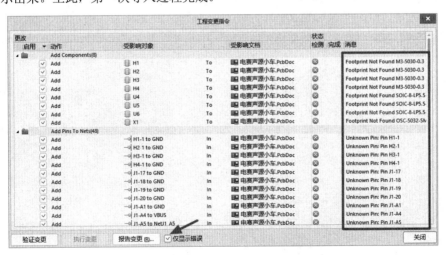

图 5-3　勾选"仅显示错误"复选框

5.1.2　导入过程常见报错解析

从上面步骤可以看出，在原理图导入 PCB 的过程中，可能不会一次完成导入，在这个过程中经常会报错，具体报错有哪些呢？对于报错应怎样处理呢？

1．Footprint Not Found 报错提示

Footprint Not Found 报错提示的是没有找到该元器件的 PCB 封装，需要进行 PCB 封装的匹配。PCB 封装没有匹配成功一般有两方面原因。

① 原理图封装名称和 PCB 封装名称填写不一致。例如，晶振 X1 在原理图封装中填写的名称是"OSC-5032-SMD-2P"，在 PCB 封装中的名称是"OSC-5032-SMD"，如图 5-4 所示，因此会出现 Footprint Not Found 报错提示。

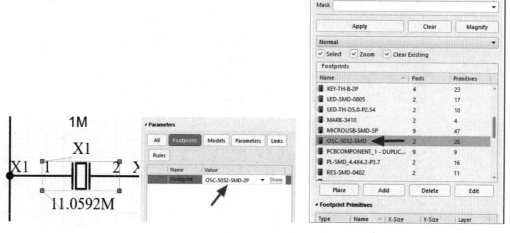

图 5-4　封装名称不匹配

② 封装库路径不匹配。如果封装名称确保一致，还是出现了 Footprint Not Found 错误提示，那么可以检查设置的封装库路径。

例如，先在原理图中按快捷键"J+C"，在弹出的对话框中输入"U7"，找到元器件 U7。

双击元器件 U7，在属性设置面板中，单击"Parameters"选区中的"FootPrint"选项，单击编辑器属性，打开"PCB 模型"对话框，如图 5-5 所示。在"描述"框中显示的是"Footprint not found"，从"PCB 元件库"选区中，可以看出该元器件匹配的是系统默认的 Pan-Int-20221102.IntLib。

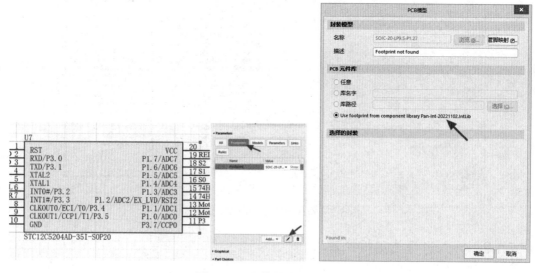

图 5-5　元器件封装路径设置

因为确定当前封装库中存在名称为 SOIC-20-LP9.5-P1.27 的封装，因此可以在"PCB 元件库"选区中选择"任意"单选按钮，从而实现路径匹配。在选择"任意"单选按钮后，可以在"选择的封装"选区中预览匹配的 PCB 封装，如图 5-6 所示。

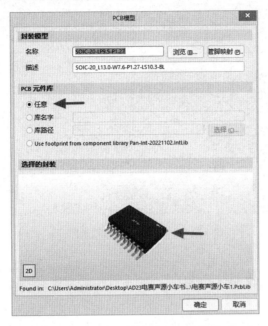

图 5-6　PCB 封装库路径匹配设置

2. Unknown Pin 报错提示

从字面上可以理解 Unknown Pin 报错提示是在导入过程中出现了无法识别的引脚，出现这种现象存在几种原因，下面分别进行说明。

与 Footprint Not Found 报错存在关联，当没有元器件封装匹配时，元器件无法被导入 PCB，这时网络在 PCB 中没有"着力点"，会报错。

原理图封装名称未填写，即在原理图器件属性设置面板"Parameters"选区中的"FootPrint"选项卡中，没有填写封装名称，无法匹配任何 PCB 封装，会导致元器件在导入 PCB 时没有"着力点"。

排除上述两种原因后，如果仍然出现 Unknown Pin 报错提示，那么原因就只有原理图中元器件的引脚号和 PCB 封装的引脚号不匹配。例如，三极管 Q1 在原理图中的引脚号分别是 B、E、C，在 PCB 封装里面的引脚号分别是 1、2、3，如图 5-7 所示。因为引脚号是关联原理图和 PCB 的"着力点"，如果引脚号不匹配，它们就关联不起来，就会出现 Unknown Pin 报错提示。

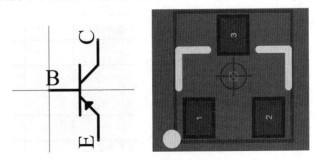

图 5-7　原理图引脚号和 PCB 封装引脚号

在解决了上述问题之后，可以按照 5.1.1 节的步骤重新导入，如果还存在问题，就重复执行上述步骤，直到不再出现报错，就表示原理图导入完成，导入之后的效果图如图 5-8 所示。

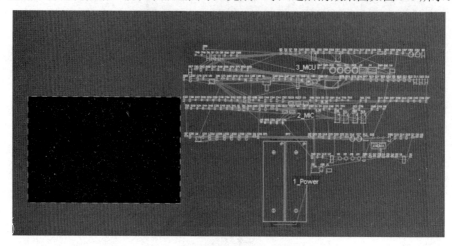

图 5-8　导入之后的效果图

5.2　布局常用操作及快捷键的介绍

在原理图中的元器件全部导入 PCB 之后，就可以开始准备 PCB 的元器件布局了。大多新手对于很多布局操作不是很了解，如元器件如何移动、元器件如何旋转、元器件如何进行换层等。下面对布局中用得最多的操作分别进行介绍。

5.2.1　元器件选择

在 PCB 设计中，需要用到多种选择操作。

1．单选

单击可以实现单个元器件的选择。

2．多选

（1）按住"Shift"键，连续单击多个元器件，即可实现多个元器件的选择。

（2）按住鼠标左键，从左上角向右下角拖动鼠标，在框选范围内的对象都会被选中，如图 5-9 所示，框选范围外和与选框搭边的器件无法被选中。

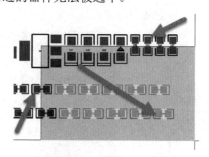

图 5-9　从左上角向右下角框选

（3）按住鼠标左键，从右下角向左上角拖动鼠标，框选矩形框碰到的对象都会被选中，如

图 5-10 所示，与选框搭边的元器件也被选中了。

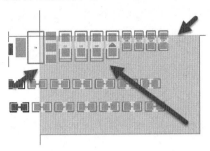

图 5-10 从右下角向左上角框选

（4）除了上述选择方法，Altium Designer 23 还提供了选择命令。选择命令是在 PCB 设计中使用较多的命令之一，包括线选、框选、反选等。按快捷键"S"，弹出选择命令菜单，如图 5-11 所示。

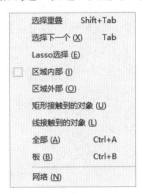

图 5-11 选择命令菜单

下面介绍几种常用的选择命令。

① Lasso 选择：滑选，按快捷键"S+E"，在 PCB 设计交互界面移动光标，在光标移动范围内的元器件将被选中，如图 5-12 所示。

② 区域内部：按快捷键"S+I"，包含在框选范围内的对象将被选中。

③ 区域外部：按快捷键"S+O"，框选范围外的所有对象将被选中。

④ 线接触到的对象：按快捷键"S+L"，走线碰到的对象将被选中，如图 5-13 所示。

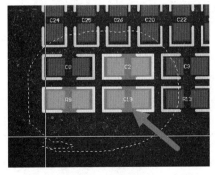

图 5-12 滑选操作   图 5-13 线选操作

⑤ 网络：按快捷键"S+N"，单击需要选择网络中的对象，处于相同网络的对象都会被选中。

⑥ 连接的铜皮：按快捷键"S+P"或"Ctrl+H"，只要物理上相连接的对象（不管网络是否相

同）都会被选中。

⑦ 自由对象：按快捷键"S+F"，可以选中 PCB 上独立放置的自由对象，如丝印标识、手工添加的固定孔等。

5.2.2 元器件移动

选择完元器件或其他对象之后，需要移动选择的对象，移动方法如下。

（1）将光标放在要移动的对象上，按住鼠标左键拖动鼠标，即可完成对象的移动。此方法常用于对单个对象进行移动。

（2）利用移动命令进行移动。按快捷键"M"，弹出移动命令菜单，如图 5-14 所示。

下面介绍几种常用移动命令。

① 器件：按快捷键"M+C"，弹出"选择元器件"对话框，如图 5-15 所示。若选择"跳至元器件"单选按钮，则选择需要移动的元器件位号，光标自动激活移动此元器件的命令，并且光标跳放到此元器件的位置。若选择"移动元器件到光标"单选按钮，则可以直接单击需要移动的元器件。

图 5-14　移动命令菜单

图 5-15　"选择元器件"对话框

② 移动选中对象：对象被选中之后，按快捷键"M+S"，单击空白处或移动参考点，即可实现选中对象的移动。

③ 通过 X,Y 移动选中对象：可以实现对选中对象的精准移动，选择此选项后，将打开如图 5-16 所示的对话框，在该对话框中设置选中对象精准移动坐标。

图 5-16　"获得 X/Y 偏移量"对话框

④ 翻转选择：按快捷键"M+I"，将选中对象移动到顶层或底层，可以实现元器件或走线的换层操作。在元器件移动状态下按快捷键"L"，可以更加快捷地实现此操作。

5.2.3　元器件对齐

其他类设计软件通常是通过栅格来对齐元器件、过孔、走线的，Altium Designer 23 提供了非常方便的对齐功能，对齐命令菜单如图 5-17 所示，通过选择对应选项可以实现选中的元器件、过孔、走线等的向上对齐、向下对齐、向左对齐、向右对齐、水平等间距对齐、垂直等间距对齐等。

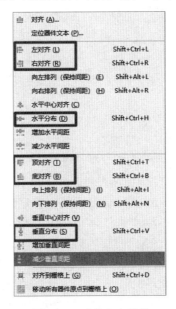

图 5-17　对齐命令菜单

因为对齐操作和原理图中的对齐操作类似，这里不再进行详细说明，下面为读者提供快捷键的说明。

① Align Left：向左对齐（快捷键为"A+L"）。
② Align Right：向右对齐（快捷键为"A+R"）。
③ Distribute Horizontally：水平等间距（快捷键为"A+D"）。
④ Align Top：向上对齐（快捷键为"A+T"）。
⑤ Align Bottom：向下对齐（快捷键为"A+B"）。
⑥ Distribute Vertically：垂直等间距（快捷键为"A+S"）。

5.2.4　元器件快速换层

在进行元器件布局时，可能需要把元器件从顶层快速换到底层，具体如何操作呢？

选择需要换层的元器件，可以是单个元器件，也可以是多个元器件。

将光标放在选中的元器件上，按住鼠标左键不放，拖动鼠标，在元器件移动状态下，按快捷键"L"，即可完成元器件从顶层到底层的换层，效果如图 5-18 所示。

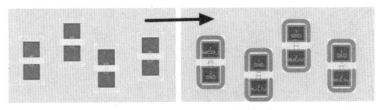

图 5-18　元器件从顶层换到底层的效果

5.3 常用布局快捷键的设置

如何提高常用操作的速度呢？对此不得不提快捷键，Altium Designer 23 提供了非常实用的工具栏和工具操作命令，直接在 PCB 设计交互界面单击，即可激活需要的操作命令，增强了人机交互性。下面介绍"常用系统快捷键"和"自定义快捷键"。

5.3.1 常用系统快捷键

Altium Designer 23 有很多快捷键，利用这些快捷键完成需要的操作很方便。快捷键如何得来呢？

图 5-19 放置线条命令

系统的快捷键是依据菜单命令中带下画线的字母得到的。如图 5-19 所示，对于"放置"→"线条"命令，"放置"后的"(P)"有下画线，"线条"后的"(L)"有下画线，该命令对应的快捷键就是"P+L"。平时多记这些快捷键，有利于提高 PCB 设计的效率。

Altium Designer 23 也有很多默认的快捷键，是由操作英文首字母构成的，下面对其进行介绍，相信在实际项目中会给读者带来很大的帮助。

（1）快捷键"L"：打开"View Configuration"面板（在元器件移动状态下，按"L"键可实现元器件快速换层）。

（2）快捷键"S"：打开选择命令菜单，如快捷键"S+L"（线选）、快捷键"S+I"（框选）、快捷键"S+E"（滑选）。

（3）快捷键"J"：跳转，如快捷键"J+C"（跳转到元器件）、快捷键"J+N"（跳转到网络）。

（4）快捷键"Q"：单位制在英寸和毫米之间相互切换。

（5）快捷键"Delete"：删除已被选择的对象，快捷键"E+D"（点选删除）。

（6）按鼠标中键向前后拖动鼠标，或者按快捷键"Page Up"、快捷键"Page Down"：放大、缩小。

（7）小键盘中的"+"键、"−"键：切换层。

（8）快捷键"A+T"：向上对齐。快捷键"A+L"：向左对齐。快捷键"A+R"：向右对齐。快捷键"A+B"：向下对齐。

（9）快捷键"Shift+S"：单层视图与多层视图切换。

（10）快捷键"Ctrl+M"：要测哪里就单击哪里。快捷键"R+P"：测量对象之间的边缘间距。

（11）空格键：在布线过程中切换布线方向，在进行元器件布局时旋转元器件。

（12）"Tab"键：执行放置命令后，可以编辑放置对象的属性（导线长度、过孔大小等）。

（13）快捷键"Shift+空格键"：改变走线模式。

（14）快捷键"P+S"：放置字符串，选择"BarCode"选项，可以进行条形码放置。

（15）快捷键"Shift+W"：选择线宽。快捷键"Shift+V"：选择过孔。

（16）快捷键"T+T+M"：不可更改间距的等间距走线。快捷键"P+M"：可更改间距的等间距走线。

（17）快捷键"Shift+G"：走线时显示走线长度。

（18）快捷键"Shift+H"：显示或关闭坐标显示信息。

（19）快捷键"Shift+M"：显示或关闭放大镜。

（20）快捷键"Shift+A"：局部自动布线。

5.3.2　自定义快捷键

Altium Designer 23 的快捷键多种多样，在采用系统默认的快捷键（特别是那种执行三次按键的组合键）进行 PCB 设计时，为了提高效率是否可以把这类默认的快捷键设置为自己喜欢的、只需要按一次的快捷键呢？这涉及快捷键的自定义。自定义快捷键有利于提高设计效率，也有利于实现软件个性化。

目前，Altium Designer 23 的自定义快捷键设置方法大概可以分为以下两种。

1. 菜单选项设置法

（1）在菜单栏空白处单击鼠标右键，选择"Customize"选项，如图 5-20 所示。

（2）打开如图 5-21 所示的对话框，在左边"种类"栏中选择"All"选项，在右边命令栏中找到需要设置快捷键的操作并双击，进入快捷键设置界面。

图 5-20　选择"Customize"选项　　　　图 5-21　选择需要设置快捷键的操作

（3）在"可选的"下拉列表中选择需要设置的快捷键，如"F2"，在此界面中也可以为设置的快捷键添加个性化图标，设置完成后，按"确定"按钮，返回"Customizing PCB Editor"对话框，拖动图标到菜单栏中，即可将快捷操作添加到菜单栏中，如图 5-22 所示。

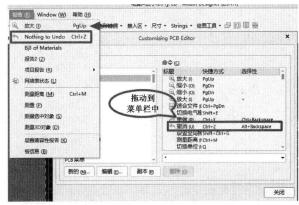

图 5-22　设置快捷键及快捷图标

当发现设置的快捷键与其他快捷键冲突时，如果一定要用此快捷键，那么可以按照图 5-23 所示把之前的快捷键清除，再按照上述方法设置其他快捷键。

图 5-23　清除快捷键

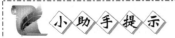

对于首次设置的快捷键，可以建立一个表格进行记录，以便后期记忆。

2．Ctrl+单击设置法

先把光标放置在需要设置的图标上，然后在按住"Ctrl"键的同时单击图标，将进入快捷键设置界面，如图 5-24 所示。按照上面的快捷键设置方法完成设置即可。

图 5-24　快捷键设置界面

由于系统默认的快捷键多为字母键的组合，因此在设置快捷键时最好避免选择字母键，优选功能键"F2"～"F10"及数字小键盘中的数字键，以防止系统快捷键与自定义快捷键之间发生冲突。

为了使读者掌握快捷键的重要性和设置方法，编著者专门录制了一套介绍快捷键设置方法的视频教程，欢迎读者联系编著者获取。

表 5-1 所示为编著者推荐的快捷键，仅供读者参考。

表 5-1　推荐的快捷键

键　　名	Esc	F1	F2	F3	F4	F5	F6	F7
执 行 操 作	退出	帮助	电气走线	放置过孔	敷铜	颜色开关	矩形框放置元器件	交互映射
Alt+		测量边缘距离	差分走线	放置填充	重新敷铜			
键　　名	、	1	2	3	4	5	6	7
执 行 操 作	删除	选择物理连接	线选	框选	单线等长	保持原间距走线	坐标移动	割铜
Alt+	删除物理连接	显示长度	测量中心距	移动选择	差分等长	等间距走线		

5.4　板框的定义

5.4.1　DXF 文件的导入

在进行 DXF 文件导入前，建议把 DXF 文件版本转换至 2004 及以下，可在导入时，更有利于 Altium Designer 23 兼容。

（1）打开 PCB 文件，执行菜单命令"文件"→"导入"→"DXF/DWG"，选择需要导入的 DXF 文件，如图 5-25 所示。

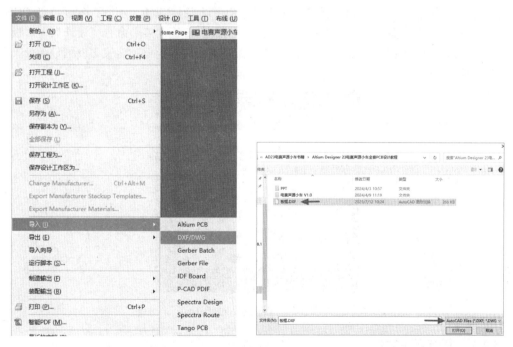

图 5-25　DXF 文件的导入

若无法选择 DXF 文件或 DWG 文件，请参照第 1 章介绍的插件安装方法，先安装插件，再进行操作。

（2）DXF 文件的导入属性设置界面如图 5-26 所示。

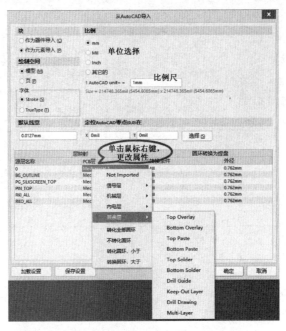

图 5-26 DXF 文件的导入属性设置界面

① 设置导入的单位（注意：需要与 DXF 文件单位保持一致）。

② 设置比例尺，即 DXF 文件的放大缩小系数。

③ 在"层映射"栏中选择 DXF 文件需要导入的层。

④ 为了方便识别，可以单个修改导入的 PCB 层，也可以按住"Shift"键进行多选后修改 PCB 层。

（3）选择要定义的闭合板框（注意：必须是闭合板框），执行菜单命令"设计"→"板子形状"→"按照选中对象定义"，或者快捷键"D+S+D"，即可完成板框的定义。板框导入效果图如图 5-27 所示，白色部分为工作区域，灰色部分为非工作区域。

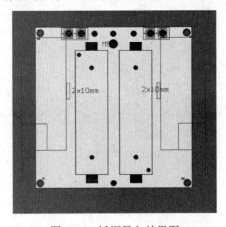

图 5-27 板框导入效果图

5.4.2 固定孔的放置

导入的板框有实物结构模型，固定孔的位置和大小已经定义好，要严格按照要求的位置和大小精准地放置。

利用交互式功能找到 PCB 上的 4 个定位孔，对称放置，如图 5-28 所示。

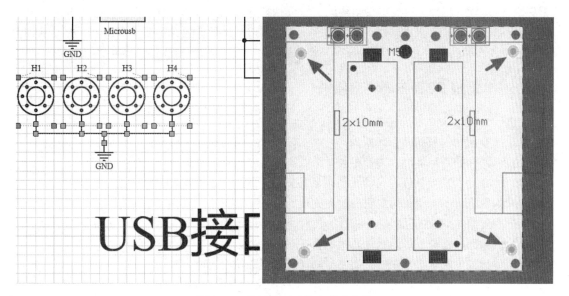

图 5-28　利用交互功能查找定位孔

选中定位孔并拖动，出现如图 5-29 所示绿色（因本书黑白印刷，所以显示为灰色）的圆（表示捕捉到结构中心），松开鼠标左键，即可完成定位孔的放置。其余 3 个定位孔按照同样的方法进行放置。定位孔放置效果图如图 5-30 所示。

图 5-29　定位孔捕捉到中心

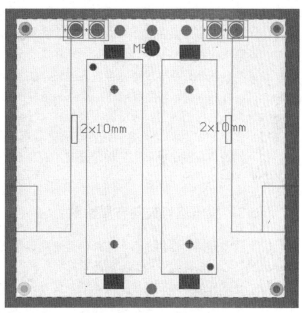

图 5-30　定位孔放置效果图

5.5　PCB 布局要点及思路分析

一块好的 PCB，不仅要实现电路功能，而且还要考虑电磁干扰（Electromagnetic Interference，EMI）、电磁兼容（Electromagnetic Compatibility，EMC）、静电释放（Electro-Static Discharge，ESD）、

信号完整性等电气特性，以及机械结构因素、大功耗元器件的散热问题，在此基础上再考虑 PCB 美观的问题，就像进行艺术雕刻一样，对每一个细节都要进行斟酌。在进行 PCB 布局前，应对需要进行 PCB 布局的一些基本布局规范有一定了解。

5.5.1 常规 PCB 布局约束原则

在进行 PCB 布局时经常会考虑以下几方面。

（1）PCB 板形与整机是否匹配？

（2）元器件的间距是否合理？在水平上或高度上是否有冲突？

（3）PCB 是否需要拼板？是否预留工艺边？是否预留安装孔？如何排列定位孔？

（4）如何进行电源模块的放置及散热处理？

（5）需要经常更换的元器件，放置的位置是否方便替换？可调元器件是否方便调节？

（6）热敏元器件与发热元器件之间是否考虑距离？

（7）整板的电磁兼容性如何？如何布局能有效提高抗干扰能力？

通过考虑以上几方面，可以对常见 PCB 布局约束原则进行如下分类。

5.5.2 常规元器件原则

（1）通常，所有的元器件应布置在 PCB 的同一面，只有在顶层元器件过密时，才能将一些高度有限并且发热量小的元器件（如贴片电阻、贴片电容、贴片 IC 等）放在底层。

（2）在保证电气性能的前提下，元器件应放在栅格上并相互平行或垂直排列，以实现整齐、美观。在一般情况下，元器件不允许重叠，元器件排列要紧凑，输入元器件和输出元器件应尽量分开，不要出现交叉。

（3）某些元器件或导线可能带较高电压，应加大它们之间的距离，以免因放电、击穿而意外短路。在进行布局时，应尽可能地注意这些信号的布局空间。

（4）带高电压的元器件应尽量布置在调试时手不易触及的地方。

（5）位于 PCB 边缘的元器件，应该尽量离 PCB 边缘两个板厚的距离。

（6）元器件在整个板面上应均匀分布，避免某些区域过于密集，其他区域过于稀疏，以确保产品的可靠性。

5.5.3 按照信号走向布局原则

（1）放置固定元器件之后，按照信号走向逐个安排各个功能电路单元的位置，以每个功能电路单元的核心元器件为中心进行局部布局。

（2）元器件的布局应便于信号流通，信号走向应尽可能保持一致。在多数情况下，信号走向从左到右或从上到下。与输入端和输出端直接相连的元器件，应放在靠近输入接插件、输出接插件或连接器的地方。

5.5.4 防止电磁干扰

（1）对于辐射电磁场较强的元器件和对电磁感应较灵敏的元器件，应适当加大它们之间的距离，或者考虑添加屏蔽罩进行屏蔽。

（2）尽量避免高电压元器件、低电压元器件相互混杂及强信号元器件、弱信号元器件交错在一起。

（3）对于会产生磁场的元器件，如变压器、扬声器、电感等，在进行 PCB 布局时应注意减少磁力线对印制导线的切割；相邻元器件磁场方向应相互垂直，以减少彼此的耦合。图 5-31 所示为电感与电感垂直 90° 进行布局。

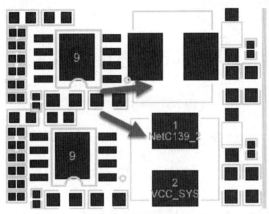

图 5-31　电感与电感垂直 90° 进行布局

5.5.5　抑制热干扰

（1）对于发热元器件，应优先安排在利于散热的位置，必要时可以单独设置散热器或小风扇，以降低温度和对邻近元器件的影响，如图 5-32 所示。

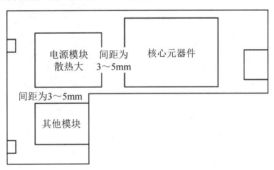

图 5-32　发热元器件的布局

（2）一些功耗大的集成块、大功率管、电阻等，要布置在容易散热的位置，并与其他元器件隔开一定距离。

（3）热敏元器件应紧贴被测元器件并远离高温区域，以免受其他发热元器件的影响而误动作。

（4）在双面放置元器件时，底层一般不放置发热元器件。

5.5.6　可调元器件布局原则

对于电位器、可变电容器、可调电感线圈、微动开关等可调元器件，应考虑整机的结构要求。若是机外调节，则可调元器件的位置要与调节旋钮在机箱面板上的位置适应；若是机内调节，则应将可调元器件放置在 PCB 上便于调节的位置。

5.6 PCB 布局顺序及交互式、模块化布局

在了解了布局前期一些常见的布局规范之后，就可以正式开始对元器件进行布局了。在布局时不能东摆一点，西摆一点，应该按照一定的逻辑顺序摆放元器件。在摆放元器件时，不是逐个元器件毫无效率地进行，而是需要借助 Altium Designer 23 的交互式布局和模块化布局功能进行高效布局。PCB 布局顺序如图 5-33 所示。

图 5-33　PCB 布局顺序

5.6.1　固定元器件的放置

因为导入的 DXF 文件有定位元器件要求，所以按照 DXF 文件放置固定元器件即可，如图 5-34 所示。

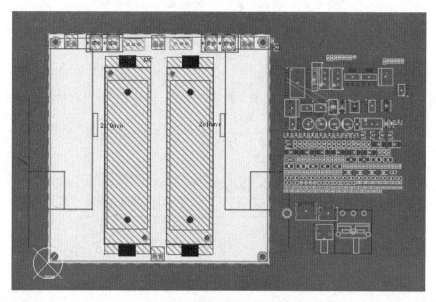

图 5-34　固定元器件的放置

放置好固定元器件之后，对应将相关模块的元器件摆放到位。

5.6.2　交互式布局

为了方便找寻元器件，需要把原理图与 PCB 对应起来，使两者之间能相互映射，即交互。利用交互式布局可以快速地定位元器件，缩短设计时间，提高工作效率。

为了实现原理图和 PCB 的交互，需要分别在原理图编辑界面和 PCB 编辑界面执行菜单命令"工具"→"交叉选择模式"，激活交互模式，如图 5-35 所示。

在交互模式下选择元器件的效果图如图 5-36 所示，可以看到，在原理图中选中某个元器件后，PCB 中对应的元器件也会被选中；反之，在 PCB 中选中某个元器件后，原理图中对应的元器件也会被选中。

图 5-35　激活交互模式

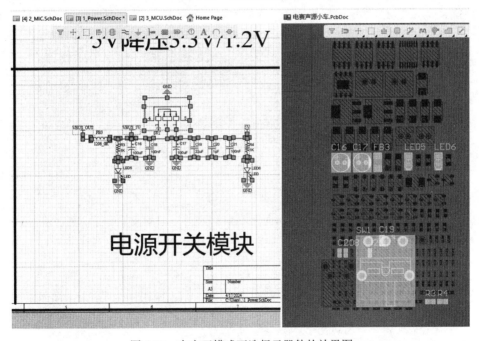

图 5-36　在交互模式下选择元器件的效果图

5.6.3　模块化布局

下面介绍在矩形区域排列，基于交互式布局，在布局初期，利用该功能可以方便地把一堆杂乱的元器件按模块分开并摆放在一定区域内。

（1）在原理图中选中一个模块的所有元器件，这时 PCB 中与原理图中对应的元器件都会被选中。

（2）执行菜单命令"工具"→"器件摆放"→"在矩形区域排列"，如图 5-37 左图所示。

（3）在 PCB 中某个空白区域框选一个范围，这时这个模块的元器件都会排列到这个框选的范围内，如图 5-37 右图所示。利用这个功能，可以把原理图中的所有模块进行快速分块。

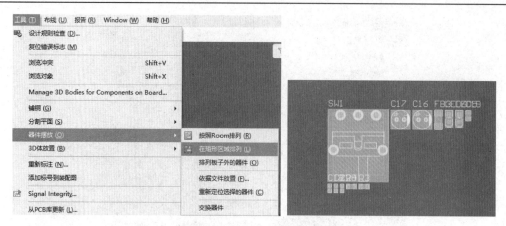

图 5-37　矩形元器件放置框与元器件的框选排列

　　模块化布局和交互式布局是密不可分的。利用交互式布局，在原理图中选中模块的所有元器件，一个模块一个模块地在 PCB 中排列好，按快捷键"N"，隐藏 GND 网络和 PWR 网络的鼠线，就可以厘清模块和模块间的信号流向，结合固定元器件，就可以知道每个模块的大致摆放位置，对进一步细化布局有很大帮助。模块化布局效果图如图 5-38 所示。

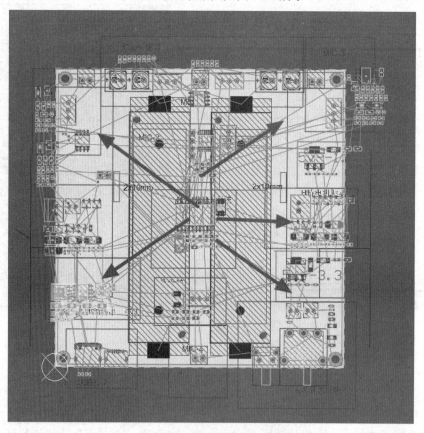

图 5-38　模块化布局效果图

　　每个 PCB 的模块都可以通过交互方式使元器件聚拢，通过绘制方框的方法评估元器件占用的面积。根据该面积，可以在现有板框中绘制这些模块的辅助线（见图 5-39），从而对整个 PCB 进行均匀布局。

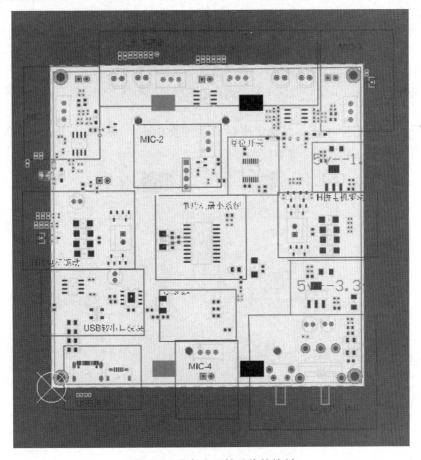

图 5-39　均匀布局辅助线的绘制

做完这些，接下来只需要对于每一个小模块进行细节上的调整。大板子通过辅助线被划分为很多小板子。对于小板子而言，布局难度是不是降低了呢？这就是 PCB 设计中的"化整为零"。

小助手提示

在进行模块化布局时，可以通过"垂直分割"命令对原理图编辑界面和 PCB 设计交互界面进行分屏，如图 5-40 所示，以便进行快速布局。

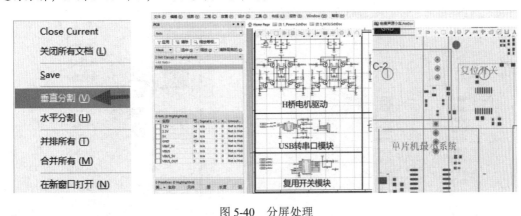

图 5-40　分屏处理

5.7 单片机核心模块的 PCB 布局要点

一般来说，在放置完固定元器件后，接下来就是放置核心部分了，只有核心部分确定下来，才能基于其他模块和核心部分的信号走向，决定其他模块的布局方向。核心部分布局一般分为几部分的布局。

（1）基于固定元器件和信号鼠线确定核心 IC 的摆放方向，一般原则就是让信号传输距离越短越好，鼠线越顺越好，如图 5-41 所示。

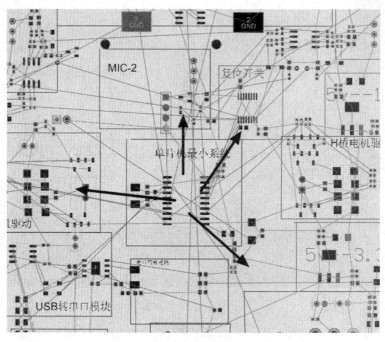

图 5-41 核心 IC 摆放方向的确定

（2）在 IC 周围放置去耦电容时，要将电容靠近 IC 的电源引脚，这样做滤波效果较好，不宜放置太远，如图 5-42 所示。

（3）晶振的放置应确保布局整体紧凑，通常将其放置在主控 IC 的同一侧，并尽量靠近主控 IC。为了减小寄生电容，应使电容分支线路尽可能短；晶振电路一般采用 π 型滤波形式，其中的匹配电容应放置在晶振前面，如图 5-43 所示。

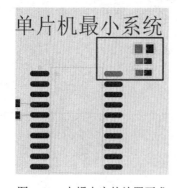

图 5-42 去耦电容的放置要求

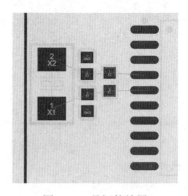

图 5-43 晶振的放置

5.8　电源模块的 PCB 布局要点

电源是整个 PCB 的"血液"，没有"血液"的 PCB 是"跑"不起来的，因此需要重点关注电源模块的 PCB 布局。

对于电源模块的 PCB 布局应考虑如下几方面。

（1）分析电源模块输入/输出主路径。

（2）为了让输入/输出主路径更短，输入/输出按一字形或者 L 形进行布局。

（3）电容按先大后小的顺序摆放，要靠近输入/输出引脚，如图 5-44 所示。

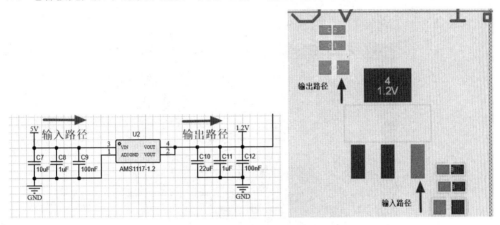

图 5-44　电源模块的 PCB 布局要求

5.9　USB 接口的 PCB 布局要点

USB 接口是连接计算机系统与外部设备的一种串口总线标准，也是一种输入/输出接口技术规范，广泛应用于个人计算机和移动设备等通信产品，并扩展至摄影器材、数字电视（机顶盒）、游戏机等相关领域。USB 接口可以用于通信，也可以作为供电接口为设备供电。

对于 USB 接口的 PCB 布局有如下要求。

① 为了方便插拔，USB 接口应靠近 PCB 边缘。USB 接口的 PCB 布局效果图如图 5-45 所示。

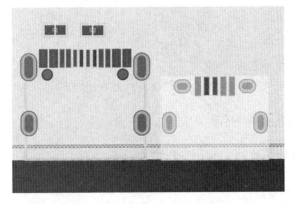

图 5-45　USB 接口的 PCB 布局效果图

② CC1 和 CC2 属于重要信号，电阻需要靠近引脚放置。

5.10　其他模块的 PCB 布局要点

5.10.1　MIC 模块的 PCB 布局

MIC 模块的 PCB 布局主要考虑的是后期按键的方便性或 DXF 结构要求。MIC 模块的 PCB 布局要求一般可总结以下几点。

① 尽量靠近 PCB 边缘。

② MIC 模块属于模拟电路，尽量远离电源。

③ 走线路径尽量短，并做包地处理。

MIC 模块的 PCB 布局效果图如图 5-46 所示。

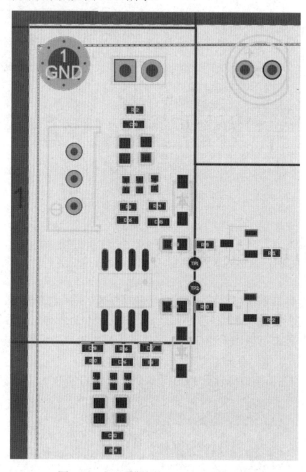

图 5-46　MIC 模块的 PCB 布局效果图

5.10.2　红外传感器的 PCB 布局

红外传感器的 PCB 布局和 MIC 模块的 PCB 布局是一样的，主要考虑的是可读性，分辨 LED 亮时对应的 PCB 工作状态，总结如下几点布局要求。

① 按照 DXF 结构要求放置。

② 驱动 IC 是用于发送和接收的公用 IC，应尽量放置在发送组件和接收组件中间。

红外传感器的 PCB 布局效果图如图 5-47 所示。

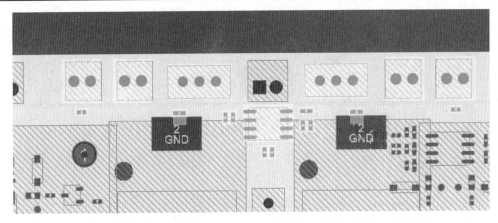

图 5-47　红外传感器的 PCB 布局效果图

　　完成整个 PCB 各个模块的布局就相当于整个 PCB 完成布局，如果存在不协调或其他情况，则可以进行微调，以便整个 PCB 布局整齐、美观、合理。电赛声源小车 PCB 布局效果图如图 5-48 所示。可以看到，未布局和布局完成之后的对比效果。

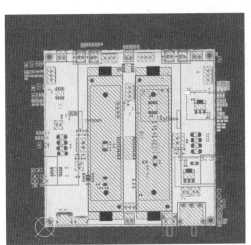
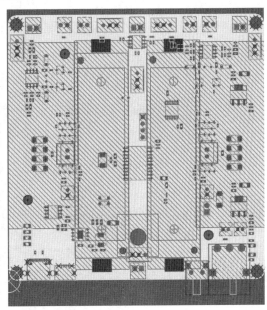

图 5-48　电赛声源小车 PCB 布局效果图

5.11　本章小结

　　本章先讲解了软件操作方面与 PCB 布局相关的常用操作和技巧，以使读者提高 PCB 布局效率；然后对电赛声源小车的各模块及整体 PCB 布局要点进行了讲解，以实现既美观又满足设计性能的电赛声源小车 PCB 布局。对于编著者布局的素材，读者可以联系编著者进行获取。

第 6 章

电赛声源小车的 PCB 布线

在 PCB 设计中，布线是完成产品设计的重要步骤，可以说前面的工作都是为它而做的。在整个 PCB 设计中，布线过程要求最高，工艺最细，工作量最大。PCB 布线可分为单面布线、双面布线及多层布线，布线方式有两种——自动布线和手工布线。对于一些比较敏感的走线、高速的走线，自动布线不能满足设计要求，需要采用手工布线。

手工布线不是毫无头绪一条一条地布线，也不是简单地进行横竖布线，而是基于电磁兼容性、信号完整性、模块化等进行布线。一般按照如图 6-1 所示的 PCB 布线基本思路进行 PCB 布线。

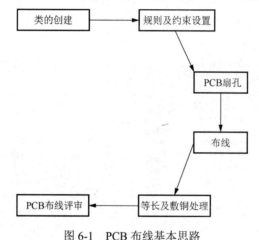

图 6-1　PCB 布线基本思路

学习目标

➢ 熟悉 PCB 布线的基本思路。
➢ 掌握 PCB 布线中类的创建方法和规则设置方法。
➢ 掌握 PCB 布线中常用的操作技巧。
➢ 熟悉一些基本的 PCB 布线规则。
➢ 掌握实例涉及模块的 PCB 布线要点。

在完成 PCB 布局后，需要对信号进行分类，并对 PCB 规则进行设置。这一步的重要性体现在两方面：一方面，便于认识和分析信号；另一方面，通过设置规则及约束，可以确保电路设计的性能达标。例如，对于需要加粗的电源线，软件会提示进行加粗处理，信号走线不会出现这里粗那里细的现象。

6.1 类的概念及创建

6.1.1 类的概念

Class 就是类，相同属性的网络或元器件或层或差分放在一起可构成一个类别，也就是常说的类。把相同属性的网络放置在一起就是网络类。例如，将 GND 网络和电源网络放置在一起可构成电源网络类，将属于 90Ω 的 USB 差分和 HOST、OTG 的差分放置在一起可构成 90Ω 差分类，将 PCB 封装名称都为 0603R 的电阻放置在一起可构成一组元器件类。分类的目的是对相同属性的类进行统一约束或编辑管理。

按快捷键 "D+C"，或者执行菜单命令 "设计" → "Classes"，进入 "对象类浏览器" 对话框，如图 6-2 所示。在此对话框中可以看到如下类别。

（1）"Net Classes"：网络类。

（2）"Component Classes"：元器件类。

（3）"Layer Classes"：层类。

（4）"Pad Classes"：焊盘类。

（5）"From To Classes"：鼠线类。

（6）"Differential Pair Classes"：差分类。

（7）"Design Channel Classes" 设计通道类。

（8）"Polygon Classes"：铜皮类。

（9）"Structure Classes"：结构类。

（10）"xSignal Classes"：X 信号类。

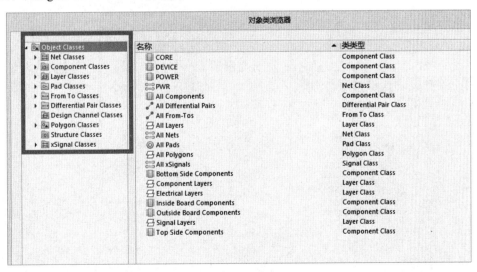

图 6-2 "对象类浏览器" 对话框

由于在电赛声源小车开发板的 PCB 设计中网络类和差分类比较常见，因此下面重点介绍网络类和差分类的创建。

6.1.2 网络类的创建

网络类就是按照模块总线的要求，把相应的网络汇总到一起，如 OLED 的信号线、LCD 的数据线、整个开发板的电源线等。

（1）执行菜单命令"设计"→"Classes"（或按快捷键"D+C"），进入"对象类浏览器"对话框，选择"Net Classes"选项。

（2）在"Net Classes"选项上单击鼠标右键，如图 6-3 所示，可以完成"添加类"、"删除类"和"重命名类"的操作。这里创建一个类，并将其命名为"PWR"。

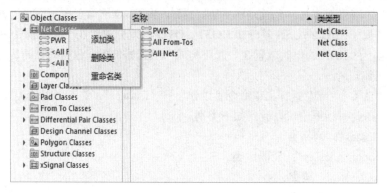

图 6-3 在"Net Classes"选项上单击鼠标右键

（3）单击"PWR"选项，出现如图 6-4 所示的界面，左边方框中是目前所有未分类网络，右边方框中是已分类网络，在左边方框中选中需要添加的网络，单击"⊡"图标，把左边未分类网络添加到右边已分类网络中。

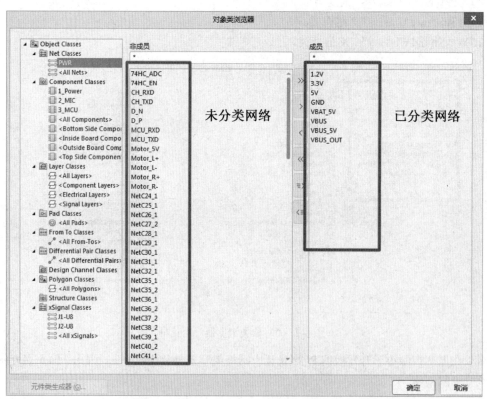

图 6-4 把左边未分类网络添加到右边已分类网络中

只要有需要，就可以按照上述操作步骤创建想要的网络类。

6.1.3　差分类的创建

差分一般分为 90Ω 差分和 100Ω 差分。在电赛声源小车项目中，USB 的"D_N"信号与"D_P"信号属于 90Ω 差分对。差分类的创建和网络类的创建有点差异，需要先在"对象类浏览器"对话框中添加分类名称，然后在差分对编辑器中创建网络。

（1）按快捷键"D+C"，进入"对象类浏览器"对话框，选择"Differential Pair Classes"选项。

（2）单击鼠标右键，创建两个类，分别命名为"90OM"和"100OM"，如图 6-5 所示。

（3）在右下角执行命令"Panels"→"PCB"，打开"PCB"面板，在下拉列表中选择"Differential Pairs Editor"选项，进入差分对编辑器，如图 6-6 所示，可以看到共有如下三个差分类。

① 90OM：上面在"对象类浏览器"对话框中添加的差分类。

② 100OM：上面在"对象类浏览器"对话框中添加的差分类。

③ All Differential Pairs：默认包含 PCB 上设置的所有差分线。

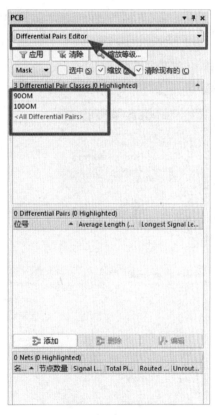

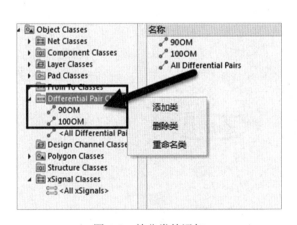

图 6-5　差分类的添加　　　　　　　　　　　　图 6-6　差分对编辑器

（4）当需要添加网络到"90OM"差分类中时，选中"90OM"差分类，单击"添加"按钮，打开"差分对"对话框，如图 6-7 所示，在"正网络"下拉列表中选择要添加的"+"网络，在"负网络"下拉列表中选择要添加的"-"网络，在"名称"框中为差分对命名，以便识别。

当然也可以通过网络匹配添加差分对，如图 6-8 所示。在如图 6-8 左图所示的差分对编辑器中，单击"从网络创建"按钮，进入如图 6-8 右图所示的"从网络创建差分对"对话框。在匹配栏中填写匹配的前缀，选择好需要进入的差分类，审核自动匹配出来的差分对是否正确，如果匹配，就勾选对应"创建"栏的复选框；如果不匹配，就取消勾选。完成设置后，单击"执行"按钮，完成差分对的添加。常用到的匹配符有"+"和"–"、"P"和"N"、"P"和"M"。

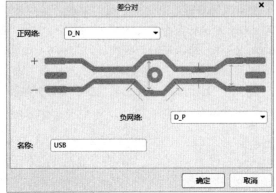

图 6-7　手工添加差分对

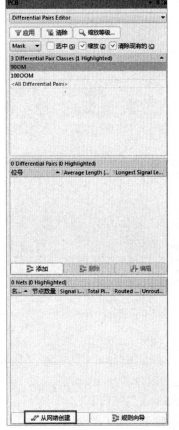

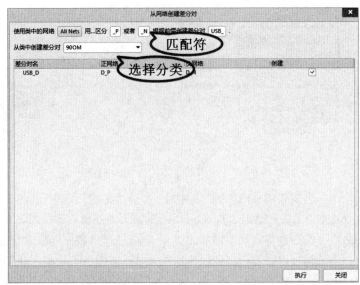

图 6-8　通过网络匹配添加差分对

6.2　常用 PCB 规则设置

规则设置是 PCB 设计中至关重要的一个环节，通过规则设置，可以确保 PCB 符合电气要求和精度要求，为布局、布线提供依据，也为 DRC 提供依据。在进行 PCB 设计时，Altium Designer 23 会实时地进行一些规则检查，并对违规的地方进行标记（亮绿色）。

对于 PCB 设计，Altium Designer 23 提供了 10 类规则。这些规则包括电气、元器件放置、布线、元器件移动和信号完整性等。常规的电子设计不需要使用所有规则，为了使读者快速掌握相关知识，下面只对常用的规则设置进行介绍。按照下面的方法设置好这些规则后，其他规则可以忽略设置。

6.2.1　规则设置界面

执行菜单命令"设计"→"规则"，或者按快捷键"D+R"，进入"PCB 规则及约束编辑器"对话框，如图 6-9 所示，左边显示的是 PCB 规则的类型，共 10 类；右边列出的是 PCB 规则的设置详情。

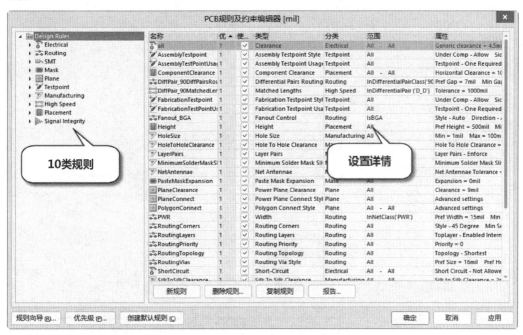

图 6-9　"PCB 规则及约束编辑器"对话框

6.2.2　电气规则设置

电气（Electrical）规则是 PCB 在布线时必须遵守的规则，包括间距规则、开路规则、短路规则等，会影响 PCB 设计的生产成本、难度及准确性，应严谨对待。

1. 间距规则设置

（1）将光标放在"Clearance"上，单击鼠标右键，从弹出的菜单中选择"新规则"选项，如

图 6-10 所示，系统将自动以当前间距规则为准，生成默认名为"Clearance_1"的间距规则。可以按照图 6-11 所示对该规则进行重命名设置。

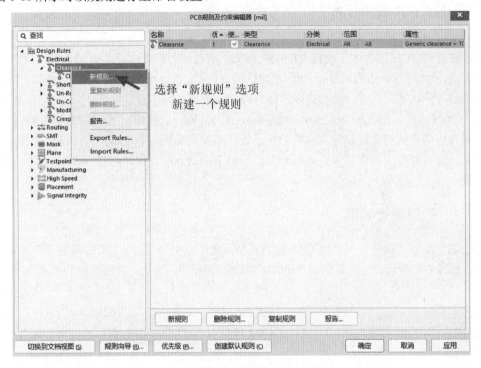

图 6-10　新建规则

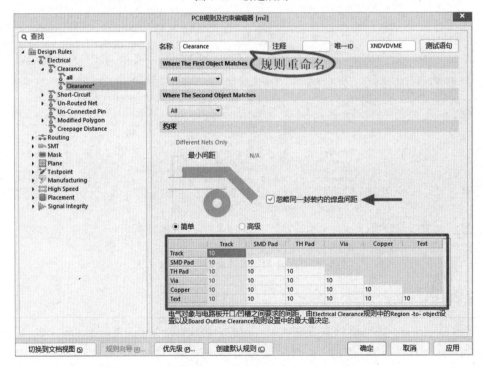

图 6-11　规则设置界面

（2）对规则适配范围进行选择。Altium Designer 23 提供了如下 5 种范围。

① Different Nets Only：规则仅对不同网络起作用。

② Same Nets Only：规则仅对相同网络起作用。

③ Any Net：规则对所有网络起作用。

④ Different Differential Pairs：规则对不同的差分对起作用。

⑤ Same Differential Pairs：规则对相同的差分对起作用。

（3）在"约束"选区中的"最小间距"框里输入需要设置的间距。

（4）"忽略同一封装内的焊盘间距"复选框：勾选该复选框后，PCB 封装本身的间距将不计算到设计规则中。这是为什么呢？如图 6-12 所示，创建的 PCB 封装因为 Pitch 间距比较小，焊盘和焊盘的间距是 5.905mil，设置的最小间距是 6mil，PCB 封装是不满足设计规则的，因为封装规格就是如此，所以为了不收到 PCB 封装的报错提示，就可勾选该复选框。

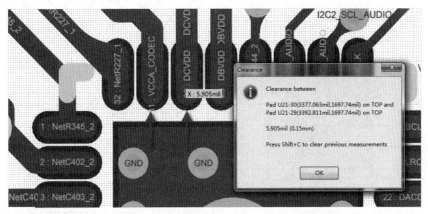

图 6-12　忽略 PCB 封装本身的间距报错

（5）Altium Designer 23 提供了简单和高级两种对象与对象的间距设置，不需要像低版本那样对每一个对象与对象的间距规则进行叠加。

① 简单规则：这个选项用于 PCB 设计中常用规则之间的对象配对。例如，设置过孔和过孔的间距为 5mil，只需要更改"Via"行和"Via"列交叉单元格中的数据为"5"即可。又如，设置过孔和走线的间距为 6mil，更改"Via"行和"Track"列交叉单元格中的数据为"6"即可。简单规则提供常用的对象规则。简单规则对象释义如表 6-1 所示。

表 6-1　简单规则对象释义

对　象	释　义	对　象	释　义
Track	走线	SMD Pad	表贴焊盘
TH Pad	通孔焊盘	Via	过孔
Copper	铜皮	Text	文字
Hole	钻孔		

② 高级规则：与简单规则基本相同，只是增加了更多对象，新增对象的释义如表 6-2 所示。高级规则设置如图 6-13 所示。

表 6-2　新增对象的释义

对　象	释　义	对　象	释　义
Arc	圆弧	Fill	填充
Poly	敷铜	Region	区域

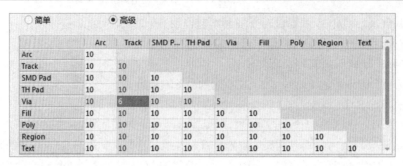

图 6-13　高级规则设置

（1）根据经验可得 Copper=Poly+Region+Fill。

（2）常用对象推荐间距设置如表 6-3 所示。

表 6-3　常用对象推荐间距设置

项目	All	Via	Copper	Track
All	6mil			
Via		6mil	6mil	6mil
Copper		6mil	10mil	6mil
Track		6mil	6mil	

（6）Altium Designer 23 还提供了类似低版本那样的、多个间距规则叠加设置的方法：选择第一个适配对象和第二个适配对象来筛选规则应用对象和范围。

①"Where The First Object Matches"选区中的下拉列表：用于选择规则第一个适配对象。

● "All"选项：针对所有对象。

● "Net"选项：针对单个网络。

● "Net Class"选项：针对设置的网络类。

● "Net And Layer"选项：针对网络与层。

● "Custom Query"选项：自定义适配项。

②"Where The Second Object Matches"选区中的下拉列表：用于选择规则第二个适配对象。

下面通过几个例子进行说明。

（1）过孔与走线的间距规则设置。

● 如图 6-14 所示，在"Where The First Object Matches"选区的下拉列表中选择"Custom Query"选项。

● 单击"查询构建器"按钮，在弹出的对话框中选择"Object Kind is"选项。

● 在"条件值"下拉列表中选择"Via"选项，可以看到"Query 预览"框中出现"IsVia"。

● 在"Where The Second Object Matches"选区进行同样的操作，不同的是在"条件值"下拉列表中选择"Track"选项，对应的"Query 预览"框中显示的是"IsTrack"。

● 在"约束"选区的"最小约束"框中输入需要设置的参数值，如 6mil。

如果对规则代码比较熟悉，则可以在"Custom Query"窗口中直接输入相关规则代码，在代码输入过程中，一般会出现相关提示，直接选择即可，如图 6-15 所示。

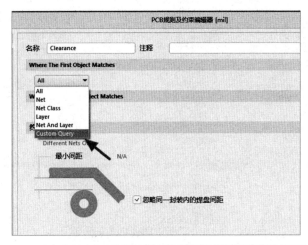

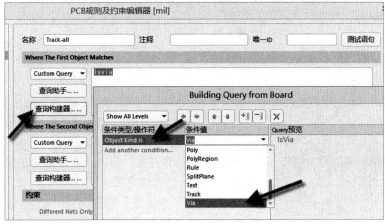

图 6-14 自定义选择对象

图 6-15 在"Custom Query"窗口中直接输入相关规则代码

（2）走线与焊盘的间距规则设置。

参考上述方法，可以设置走线与焊盘的间距规则，如图 6-16 所示。

（3）铜皮与所有对象的间距规则设置。

参考上述方法，可以设置铜皮与所有对象的间距规则，如图 6-17 所示。值得注意的是，铜皮对应的前缀不再是"Is"，而是"In"。

设置好规则之后，为规则命名，以便识读，如图 6-18 所示。

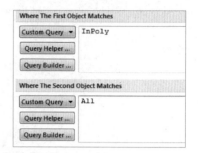

图 6-16　走线与焊盘的间距规则　　　　图 6-17　铜皮与所有对象的间距规则设置

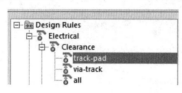

图 6-18　为规则命名

2．规则的使能及优先级设置

1）规则的使能设置

设置好规则之后，需要使能规则，否则设置的规则不会起作用。在具体设计中，有很多人反馈自己明明设置好了规则，但就是不起作用。这种问题一般就是由没有使能规则引起的。如图 6-19 所示，勾选规则对应"Enabled"列的复选框，即可使能设置的规则。

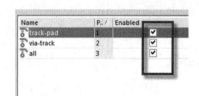

图 6-19　规则的使能设置

2）规则的优先级设置

在利用叠加方法进行规则设置时，考虑到有些对象间是包含与被包含关系，因此需要设置规则的优先级以区分适配对象。比如，"All"是包含"IsTrack""IsVia"等对象的，在设置"IsTrack-All"的间距为 6mil、"All-All"的间距为 5mil 时，必须把"IsTrack-All"间距规则放在"All-All"间距规则前面，否则系统无法识别。

单击规则设置界面中的"优先级"按钮，进入"编辑规则优先级"对话框，如图 6-20 所示，通过"增加优先级"按钮和"降低优先级"按钮来调整规则的优先级。优先的规则对应"优先级"列的序号更小。

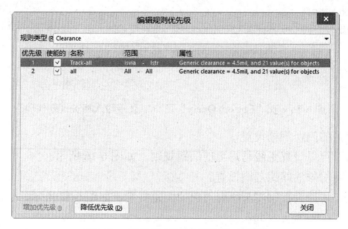

图 6-20　"编辑规则优先级"对话框

3．短路规则设置

电路设计是不允许出现短路 PCB 的。短路就意味着设计的 PCB 可能会报废，在一般情况下，在设计时不勾选"允许短路"复选框。短路规则设置如图 6-21 所示。

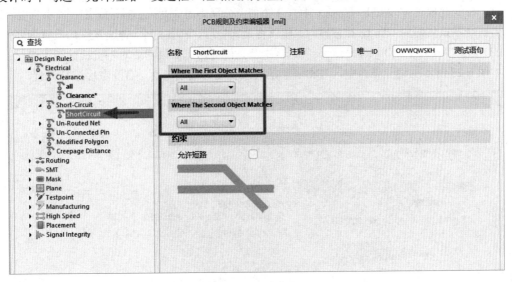

图 6-21　短路规则设置

4．开路规则设置

电路设计也不允许出现开路 PCB。开路规则设置如图 6-22 所示。开路规则在"Where The Object Matches"选区的下拉列表中选择"All"选项，即对所有选项都不允许开路；勾选"检查不完全连接"复选框，即可对连接不完善或接触不良的线段进行开路检查。

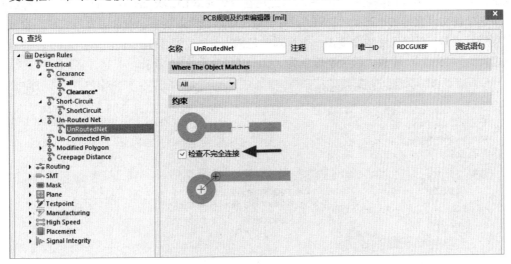

图 6-22　开路规则设置

6.2.3　布线规则设置

对于布线规则，着重关注的是线宽规则和过孔规则。在进行 PCB 设计时，一般需要用到阻抗线，每一层的线宽要求是不一致的；考虑到电源特性，对电源走线线宽有特殊要求。考虑到生产，在进行 PCB 设计时，不要使用多种过孔。使用多种过孔种类就意味着在生产时需要换多种钻头，建议一个 PCB 设计中的过孔种类不要超过两种。在一般情况下，需要对过孔种类进行设置，以控制 PCB 上的过孔种类，可以把信号孔设置为一类，把电源孔设置为一类。

（1）在线宽规则（"Width"规则）中有 3 个值，分别为最大宽度、首选宽度、最小宽度。这 3 个值的系统默认值都为 10mil，在设置时，建议将最大宽度、最小宽度、首选宽度均设置为同一值。

（2）在"Where The Object Matches"选区选择适配对象。如果需要对阻抗线的线宽进行设置，就在如图 6-23 所示的设置界面中，对相应层的最大宽度、最小宽度、首选宽度进行设置。

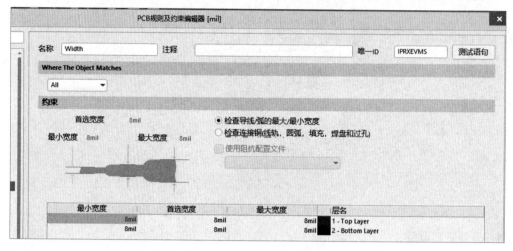

图 6-23 线宽规则设置

（3）如果需要单独设置某个网络或网络类的线宽，则先在线宽规则上单击鼠标右键，新建一个规则，并为其命名（如命名为"PWR"），然后在"Where The Object Matches"选区选择适配对象，如选择前文设置好的电源类"PWR"。对于电源线，通常需要单独对最大宽度、最小宽度、首选宽度进行设置，以确保走线宽度在一个合理的范围内，如设置"最小宽度"为"8mil"、设置"首选宽度"为"15mil"、设置"最大宽度"为"60mil"，如图 6-24 所示。

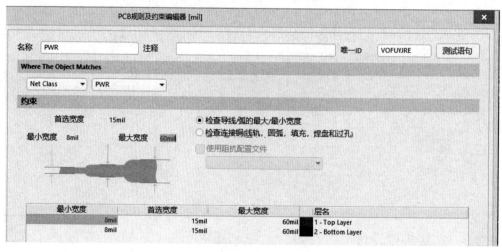

图 6-24 电源线宽规则的创建

小助手提示

为什么将"最大宽度"设置为"60mil",而不是更大呢?

因为在 PCB 设计中会有很多过孔,过孔无法自动避让走线,在 PCB 上进行线宽大于 60mil 的走线时,若过孔无法避让走线,则会存在很多 DRC,不便于调整。又因为敷铜有很好的避让效果,所以线宽大于 60mil 的走线选择用敷铜进行处理。走线和敷铜的对比图如图 6-25 所示。

敷铜可以很好地避让过孔

走线不避让过孔

图 6-25　走线和敷铜的对比图

6.2.4　过孔规则设置

过孔规则是设置布线规则中的过孔尺寸,可以设置的参数有过孔焊盘直径和过孔的通孔直径,包括最大值、最小值和优先值。常规过孔规则设置如图 6-26 所示。在设置时需要注意过孔直径和通孔直径的差值不宜过小,否则将不利于制板加工,常将孔径设置为 0.2mm 及以上,考虑到成本,常设置为 0.3mm(12mil)。

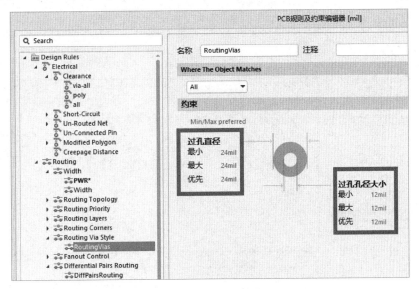

图 6-26　常规过孔规则设置

6.2.5　阻焊规则设置

阻焊规则是设置焊盘到绿油的距离。在制作 PCB 时,阻焊层要预留一部分空间给焊盘,绿油不至于覆盖到焊盘上,造成锡膏无法上锡到焊盘,顶层外扩和底层外扩就是防止绿油和焊盘重叠。顶层外扩和底层外扩不宜设置得过小,也不宜设置得过大,一般设置为 2.5mil,如图 6-27 所示。

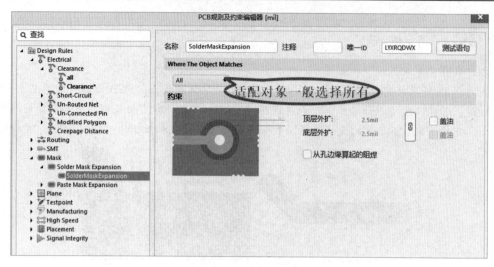

图 6-27 阻焊规则设置

6.2.6 铜皮规则设置

铜皮规则主要是设置常规的多边形敷铜与焊盘或过孔之间的连接方式，也就是如图 6-28 所示的规则设置界面中的连接方式。

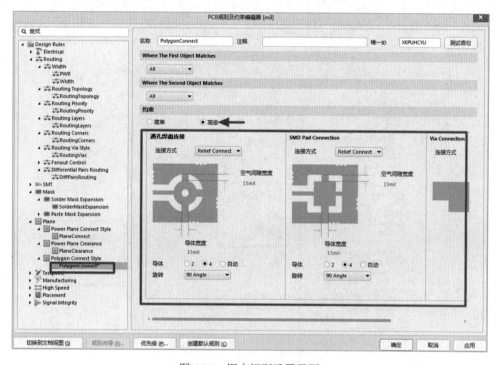

图 6-28 铜皮规则设置界面

（1）"Where The First Object Matches" 选区和 "Where The Second Object Matches" 选区的下拉列表：用于选择规则的应用范围，在一般情况下，针对 "All" 设计即可。

（2）在铜皮规则设置界面的 "约束" 选区，选择 "高级" 单选按钮，可以看到三种焊盘连接方式。

- 通孔焊盘连接：通孔焊盘的连接，默认连接方式为花焊盘连接。这种连接方式有利于均匀散热，在进行手工焊接时不会造成虚焊。
- SMD Pad Connection：表贴焊盘的连接，默认连接方式为花焊盘连接。若电源网络需要增大电流，则可以通过单独对某个网络或某个元器件采用全连接方式。
- Via Connection：过孔的连接，默认连接方式为全连接。

（3）"连接方式"下拉列表：用于设置内电层和孔的连接方式，有三个选项，即"Relief Connect"选项（发散状连接，即花焊盘连接）、"Direct Connect"选项（全连接）和"No Connect"选项（不连接），效果如图 6-29 所示。

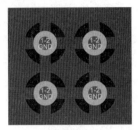  

（a）花焊盘连接　　　　　　　（b）全连接　　　　　　　（c）不连接

图 6-29　不同连接方式的效果

6.2.7　差分规则设置

上面对差分类的创建进行了详细介绍，在此不再赘述。下面对差分规则设置进行介绍。

1．向导法

（1）在 PCB 设计交互界面的右下角执行命令"Panels"→"PCB"，打开"PCB"面板，在下拉列表中选择"Differential Pairs Editor"选项，进入差分对编辑器，如图 6-30 所示。

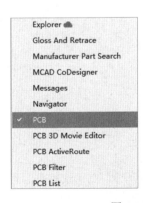 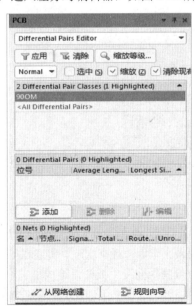

图 6-30　差分对编辑器的调用

（2）选中需要创建规则的差分类，如"90OM"差分类。

（3）单击"规则向导"按钮，进入"差分对规则向导"对话框，根据向导设置相关参数。

① 在如图 6-31 所示的界面设置差分规则的名称。在"前缀"框中设置好前缀后，系统会自动根据这个前缀生成差分规则。

图 6-31　设置差分规则名称

② 在如图 6-32 所示的界面设置差分组误差。误差要求以组为单位进行设置，如果对差分组误差有严格要求，则可以减小"公差"的数值，在要求不严格的情况下可以将"公差"设置为"50mil"。此处以 USB 差分为例，需要设置差分对的对内误差为 5mil。

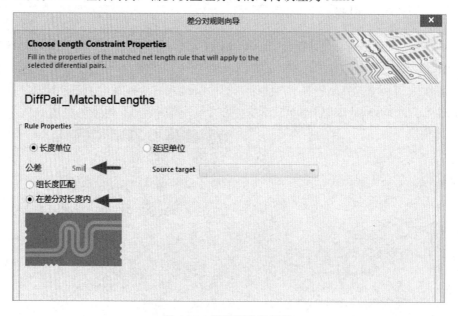

图 6-32　设置差分组误差

③ 在如图 6-33 所示的界面设置阻抗线的线宽和线距。根据阻抗要求，设置不同层阻抗线的线宽和间距。建议最大宽度、最小宽度、优选宽度和优选间距填写一样的值，不要填写一个范围，不然在设计时线宽或间距会发生突变，造成阻抗不连续。

完成规则创建后，系统会提示创建的数据，如图 6-34 所示。在确认相关信息后，单击"Finish"按钮，完成差分规则的创建。

（4）设置完成之后，需要在"PCB 规则及约束编辑器"对话框中再核查一下差分规则是否已经匹配，如果没匹配，就用手工法进行再次匹配。差分规则的核查如图 6-35 所示。

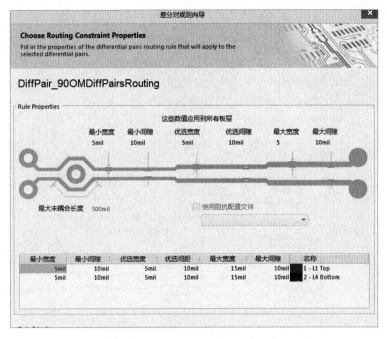

图 6-33　设置阻抗线的线宽和间距

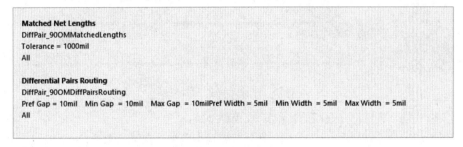

图 6-34　数据预览

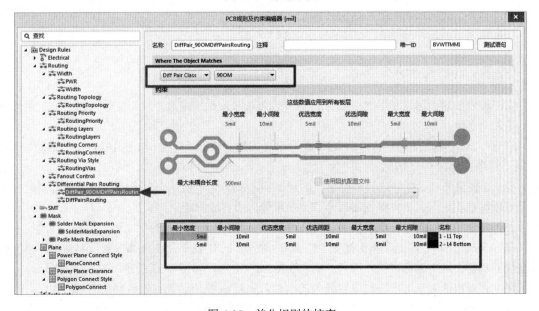

图 6-35　差分规则的核查

2．手工法

（1）执行菜单命令"设计"→"规则"或按快捷键"D+R"，进入"PCB 规则及约束编辑器"对话框。

（2）在"Differential Pairs Routing"选项上单击鼠标右键，从弹出的菜单中选择"新规则"选项，这里以创建"90OM"差分规则为例进行说明。

（3）按照图 6-36 所示填写相关参数。

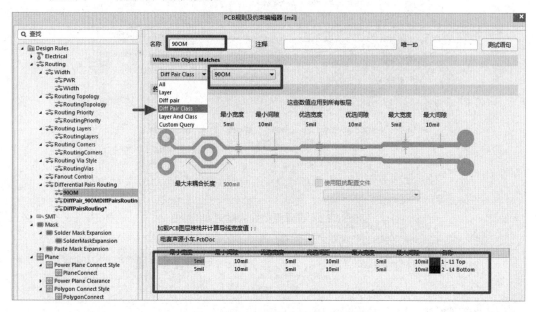

图 6-36　手工法创建差分规则

① "名称"框：填写差分规则的名称，如"90OM"。

② "Where The Object Matches"选区：选择规则适用范围。在第一个下拉列表中选择"Diff Pair Class"选项，在第二个下拉列表中选择"90OM"选项。

③ "约束"选区：根据阻抗要求设置线宽和间距。

（4）单击"Apply"按钮，应用差分规则。

6.2.8　规则的导入与导出

有时设置的规则可以套用多个 PCB，或者设置一个原始规则进行规则复位，这时需要用到规则的导入与导出。

（1）在"PCB 规则及约束编辑器"对话框中将光标放在任意规则上，单击鼠标右键，选择"Export Rules"选项，如图 6-37 所示。

（2）在弹出的对话框中选择需要导出的规则项，如图 6-38 所示。在按住"Ctrl"键的同时单击多个选项可以实现多选，也可以实现全选。一般导出所有规则。

（3）导出之后会生成一个后缀名为.RUL 的文件，这个文件就是规则文件，保存该文件。

（4）在另一个 PCB 上，按快捷键"D+R"，进入"PCB 规则及约束编辑器"对话框，将光标放在任意规则上单击鼠标右键，选择"Import Rules"选项，如图 6-39 所示。

（5）在弹出的对话框中选择需要导入的规则，如图 6-40 所示。一般选择所有规则。

（6）选择之前保存的后缀名为.RUL 的文件，规则导入成功。

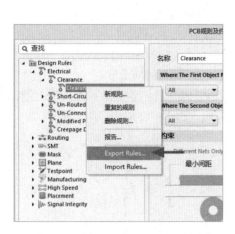

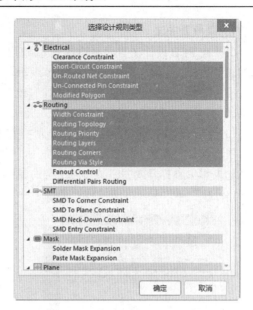

图 6-37　选择"Export Rules"选项　　　　图 6-38　选择需要导出的规则

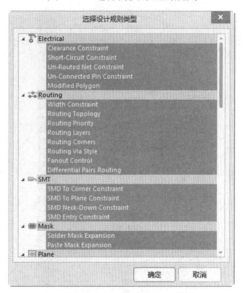

图 6-39　选择"Import Rules"选项　　　　图 6-40　选择需要导入的规则

6.3　布线常用操作

设置规则后，需要对布局好的 PCB 进行布线。在布线前，我们应该了解常用的布线操作，以免在设计时因不懂软件操作而卡壳。

6.3.1　鼠线的打开与关闭

鼠线又称飞线，是表示两点间连接关系的线。借助鼠线可理清信号的流向，有逻辑地进行布线。在进行 PCB 布线时，可以选择性地打开或关闭某类网络或某个网络的鼠线。

1. 菜单开关法

（1）在 PCB 设计交互界面的右下角执行命令"Panels"→"PCB"，打开"PCB"面板，在下拉列表中选择"Nets"选项，进入 Nets 编辑器。

（2）在显示的网络类中，选择"All Nets"选项，在下面网络显示框中，选中某个网络或多个网络。

（3）将光标放在选中的网络上单击鼠标右键，依次选择"连接"→"显示"选项，即可打开鼠线；依次选择"连接"→"隐藏"选项，即可关闭鼠线，如图 6-41 所示。

如果想单独打开或关闭某个网络类的鼠线，将光标放在选中的网络类上单击鼠标右键，依次选择"连接"→"显示"选项或"连接"→"隐藏"选项，如图 6-42 所示，即可实现。

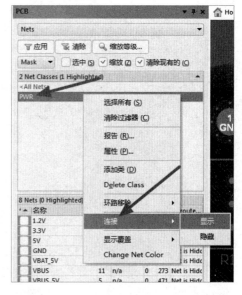

图 6-41　打开或关闭多个网络的鼠线　　　　图 6-42　打开或关闭某个网络类的鼠线

2. 快捷开关法

在 PCB 设计交互界面中，按快捷键"N"，出现如图 6-43 所示的选择命令窗口。

图 6-43　鼠线开关快捷菜单

（1）"显示连接"菜单：对应操作是打开鼠线。

（2）"隐藏连接"菜单：对应操作是关闭鼠线。

"显示连接"与"隐藏连接"的子菜单包括如下三个选项。

● "网络"选项：针对单个网络的鼠线进行打开或关闭操作，命令激活之后，在 PCB 中单击网络即可。

● "器件"选项：针对元器件网络的鼠线进行打开或关闭操作，命令激活之后，单击元器件，与这个元器件相关联的所有网络都会进行鼠线的打开或关闭操作。

● "全部"选项：针对整个 PCB 的鼠线进行打开或关闭操作。

小助手提示

很多初学者反馈，在进行了鼠线打开操作之后，还是无法显示鼠线，对此可以检查如下两方面。

（1）检查鼠线显示层是否打开：按快捷键"L"，检查如图 6-44 所示的界面中的"Connection Lines"是否处于可见状态，如果没有，请将其设为可见状态。

（2）在"PCB"面板中，在下拉列表中选择"Nets"选项，如图 6-45 所示。

图 6-44　默认鼠线的显示

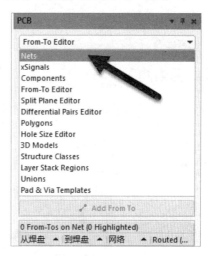

图 6-45　选择"Nets"

6.3.2　层的管理

1. 层的打开与关闭

在制作多层板时，经常单独用到某层或多层，这时就要用到层的打开与关闭功能。

按快捷键"L"，可以对单层或多层进行打开与关闭操作，将其设置为可见，即打开；将其设置为不可见，即关闭，如图 6-46 所示。

2. 层的颜色设置

在进行设计时为了便于识别层属性，可以对不同层线路的默认颜色进行设置。按快捷键"L"，进入层与颜色管理器。层的颜色设置如图 6-47 所示，双击颜色块，可以变更该层线路的默认颜色。

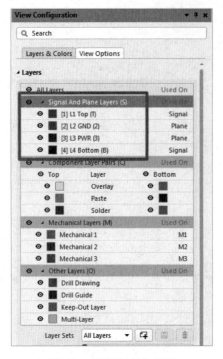

图 6-46　层的打开与关闭

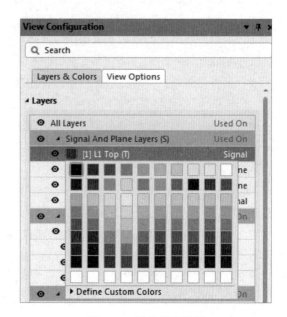

图 6-47　层的颜色设置

6.3.3　元素的显示与隐藏

在进行设计时，可能会执行关闭走线、显示过孔或隐藏铜皮等操作，以更好地对其中某个元素进行分析处理。

按快捷键"Ctrl+D"，进入"View Options"选项卡，如图 6-48 所示，在该选项卡中可以控制列出来的各类元素的显示或隐藏。

图 6-48　"View Options"选项卡

（1）"　◎　"图标：显示。

（2）"　　　"图标：隐藏。

（3）"Draft"列：半透明显示，在进行等长操作时用得比较多。

（4）"Transparency"列：调节透明度。

6.3.4　多条走线的操作

为了达到快速走线的目的，有时可以采取总线布线，即多条走线。

设置多条走线：执行菜单命令"布线"→"交互式总线布线"（对应快捷键为"U+M"）或单击"　　　"图标，选中多条走线的顶点，拖动鼠标进行拉线（见图 6-49 左图）。在布线状态下按"Tab"键，设置多条走线间距，如图 6-49 右图所示。

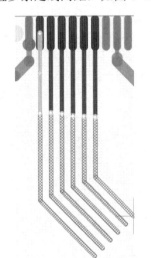

图 6-49　PCB 的多条走线

6.3.5　PCB 设计中的敷铜处理

所谓敷铜，就是将 PCB 上闲置的空间作为基准面，用固体铜填充，这些铜区又称为灌铜。

敷铜的意义如下。

（1）增加载流面积，提高载流能力。

（2）减小地线阻抗，提高抗干扰能力。

（3）减小压降，提高电源效率。

（4）与地线相连，减小环路面积。

（5）多层板对称敷铜可以起到平衡作用。

在 PCB 设计中，敷铜应用很广泛。在 Altium Designer 23 中，敷铜操作、敷铜设置、铜皮修整等非常值得分析研究。

1．局部敷铜

对于 PCB 设计中的一些电源模块，考虑到电流的大小，需要加宽载流路径，若进行布线，路径上的过孔或其他阻碍物不会自动避让，不便于进行 DRC，这时可以使用局部敷铜。

（1）执行菜单命令"放置"→"铺铜"，进入敷铜属性设置界面。为了更有效率地进行敷铜，推荐按照图 6-50 所示进行设置。

图 6-50　敷铜属性设置界面

①"Hatched"选项卡：动态敷铜方式，此敷铜参数包括线宽和间距，敷铜相对圆滑，符合高速设计要求。图 6-51 所示为 Solid 敷铜和 Hatched 敷铜对比图。

图 6-51　Solid 敷铜和 Hatched 敷铜对比图

②"Track Width"框：用于设置敷铜线宽。"Grid Size"框：用于设置敷铜线宽的间距。如果

需要进行实心敷铜，就将"Grid Size"设置得比栅格值大，推荐将"Grid Size"设置为"5mil"；推荐将栅格值为 4mil。"Grid Size"不宜设置得过大，也不宜设置得过小。

- 设置得过大，一些较小引脚间距的 BGA 无法敷铜进去，会造成铜皮断裂，影响平面完整性。
- 设置得过小，铜皮更容易进入电阻、电容的缝隙中，出现狭长铜皮，从而提高生产难度或产生串扰。

③ 选择"Pour Over All Same Net Objects"选项，设置相同网络都进行敷铜，以免出现相同网络的走线和铜皮无法连接的现象。相同网络敷铜设置对比图如图 6-52 所示。

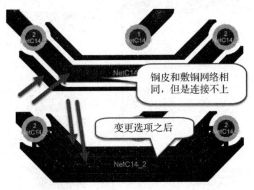

图 6-52　相同网络敷铜设置对比图

④ "Remove Dead Copper"复选框：勾选此复选框可以对敷铜产生的孤铜进行清除，如图 6-53 所示。

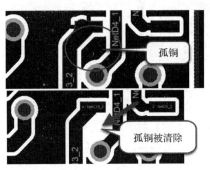

图 6-53　勾选"Remove Dead Copper"复选框的效果

（2）完成步骤（1）的敷铜设置后，即可激活敷铜命令。根据实际需要在 PCB 上绘制一个闭合的敷铜区域，完成局部敷铜。

2．异形区域敷铜

通常会遇到这种情况：有一个圆形的 PCB 或非规则形状的 PCB，需要创建一个和 PCB 形状一模一样的敷铜区域，对此该怎么处理呢？下面来介绍异形敷铜的创建方法。

（1）选中封闭的异形板框或区域，如选中一个圆形的闭合环。

（2）执行菜单命令"工具"→"转换"→"从选择的元素创建铺铜"，如图 6-54 所示，创建一个圆形敷铜区域。

（3）双击敷铜，可更改敷铜的模式、网络及层属性。

采取同样的方式可以对其他异形区域敷铜。异形区域敷铜如图 6-55 所示。

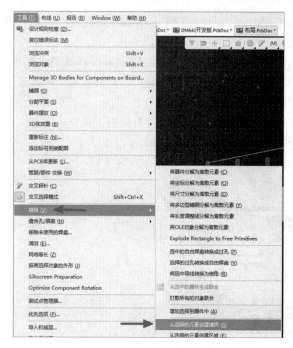

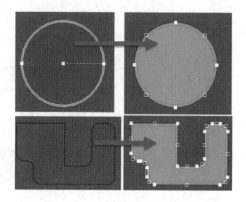

图 6-54 异形敷铜的创建命令　　　　　　　　　　图 6-55　异形区域敷铜

3. 敷铜脚本的使用

由于在使用高版本 Altium Designer 进行敷铜时，无法直接设定铜皮网络，需要先选择敷铜网络，再进行敷铜，步骤相对烦琐，对此凡亿教育开发了一个脚本文件，具体使用方法如下。

（1）登录 PCB 联盟网，在搜索框中输入关键词"脚本"，并进行搜索，找到敷铜脚本并下载。

（2）在 Altium Designer 中执行菜单命令"文件"→"运行脚本"，打开"选择条目运行"对话框。

（3）在"选择条目运行"对话框左下角依次选择"浏览"→"来自文件"选项，选择下载的脚本文件"FY_AD_Tools.PrjScr"，加载完成后，选择其中的"FY_Main.pas"，单击"确定"按钮，即可完成敷铜脚本的调用，如图 6-56 所示。

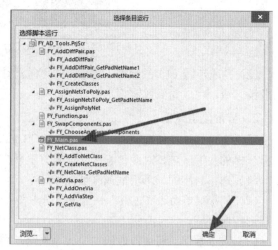

图 6-56　敷铜脚本的调用

（4）在"Fany EDA Tools"窗口中执行"布线辅助"→"铜皮分配网络属性"命令，进入敷铜分配窗口。

（5）基于局部敷铜操作，绘制需要敷铜的区域，在"Fany EDA Tools"窗口的"选择包含指定 Net 属性的 PAD"选项下，单击"选择"按钮，单击所需网络中的焊盘，即可完成网络的快速抓取。

（6）单击"选择需要修改 Net 属性的铜皮"选项下的"选择"按钮，单击需要分配网络的铜皮，即可实现快速定义网络并重新进行敷铜，如图 6-57 所示。

图 6-57　脚本文件的调用

 小 助 手 提 示

Altium Designer 23 提供了强大的脚本支持，有兴趣的读者可以根据官方发布的脚本教程编写脚本，以提高设计效率。

4．全局敷铜

全局敷铜一般在整板敷铜后进行，可以系统地对整个 PCB 的敷铜进行优先级设置、重新敷铜等操作。执行菜单命令"工具"→"铺铜"→"铺铜管理器"，进入敷铜管理器，如图 6-58 所示。敷铜管理器主要分为四部分。

（1）"查看/编辑"选区：可以对铜皮所在层和网络进行更改。

（2）敷铜管理操作命令栏：可以对敷铜的动作进行管理。

（3）"铺铜顺序"栏：可以进行敷铜优先级设置。

（4）敷铜预览区：预览敷铜效果或选择的铜皮。

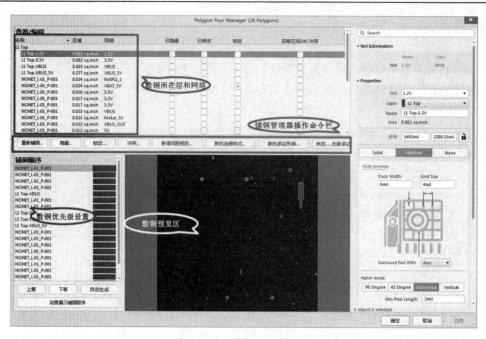

图 6-58　敷铜管理器

5. Cutout 的放置

有时在敷铜后，还需要移除一些碎铜或尖岬铜皮。Cutout 的功能就是防止铜皮覆盖，它只针对敷铜操作有效，不作为独立的铜结构存在。一旦放置，就无须手动删除，因为它不会作为实体铜保留在设计中。

（1）执行菜单命令"放置"→"多边形铺铜挖空"，激活放置命令，与进行敷铜一样放置 Cutout。在一般情况下，在尖岬铜皮上放置 Cutout 后重新对此区域进行敷铜，即可删除尖岬铜皮上的尖，效果如图 6-59 所示。

（2）双击 Cutout，可以对其属性进行设置，如图 6-60 所示。方框中的"Layer"下拉列表用于设置 Cutout 的应用范围。这里根据实际情况选择放置的层，或者选择"Multi-Layer"选项适用所有层，即对所有层都禁止敷铜。

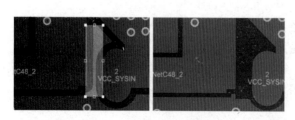

图 6-59　Cutout 的放置效果

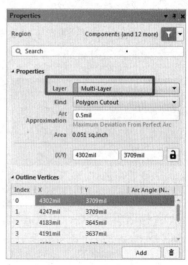

图 6-60　Cutout 属性设置

6. 修整铜皮

敷铜不可能一步到位，在实际应用中，完成敷铜后，需要对所敷铜皮的形状等进行调整，如铜皮宽度的调整、钝角的修整等。

（1）铜皮的直接编辑：选中需要编辑的铜皮，可以看到此块铜皮四周有一些白色点，如图 6-61 所示，将光标放在白色点上，按住鼠标左键的同时拖动鼠标，对此块铜皮的形状及大小进行调整。调整完成后，记得对此块铜皮进行敷铜刷新（将光标放在铜皮上单击鼠标右键，选择"铺铜操作"→"调整铺铜大小"选项）。

（2）铜皮的分离操作（钝角的修整）：执行菜单命令"放置"→"裁剪多边形敷铜"（对应快捷键为"P+Y"），激活分离命令，绘制一条分割线截取铜皮的直角，铜皮会分离成两块，删掉三角形的铜皮，即可完成当前铜皮钝角的修整，如图 6-62 所示。

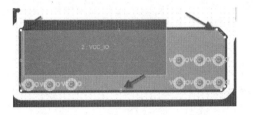

图 6-61　选中铜皮

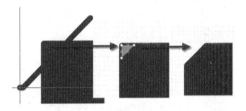

图 6-62　铜皮钝角的修整

6.4　PCB 扇孔原则

在 PCB 设计中，过孔的扇出很重要，扇孔方式会影响信号完整性、平面完整性、布线难度，进而影响生产成本。

扇孔的目的主要有两个。

（1）缩短回流路径，就近扇孔可以达到缩短回流路径的目的。

（2）打孔占位，其目的是防止在走线很密集时无法打孔。这种情况在进行高速 PCB 设计及多层 PCB 设计时经常遇到。先打孔后删除很方便，但在布线完成后加过孔很难，且容易影响信号完整性，不符合规范做法。

6.4.1　扇孔推荐做法及不推荐做法

从图 6-63 中可以看出，扇孔推荐做法可以在内层两孔之间过线，此时参考平面不会被割裂；反之不推荐做法增加了走线难度，还割裂了参考平面，破坏了平面完整性。

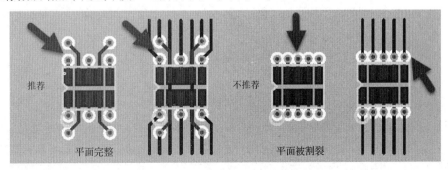

图 6-63　扇孔推荐做法及不推荐做法

这样的元器件扇孔方式也适用于 PCB 布线打孔换层的情景，如图 6-64 所示。

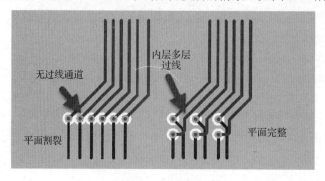

图 6-64　打孔换层的情景

6.4.2　扇孔的拉线

扇孔不仅是打孔，还有短线的拉线处理，所以有必要对扇孔的拉线要求进行说明。

（1）为了满足国内制板厂的生产工艺要求，常规扇孔拉线线宽大于或等于 4mil（0.1016mm）（特殊情况可用 3.5mil，即 0.0889mm）；小于这个值会极大挑战工厂的生产能力，会提高报废率。

（2）不能出现任意角度走线，任意角度走线会挑战工厂的生产能力，在蚀刻铜线时会出现问题，推荐 45°走线或 135°走线，如图 6-65 所示。

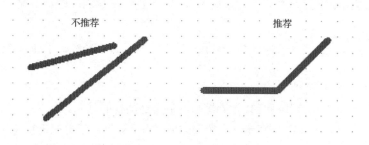

图 6-65　任意角度走线和 135°走线

（3）如图 6-66 所示，同一网络不宜出现直角或锐角走线。直角或锐角走线一般是 PCB 布线中尽量避免的情况，其原因是直角走线会使传输线的线宽发生变化，造成阻抗不连续、信号反射；而尖端会产生电磁干扰，从而影响线路。

图 6-66　不宜出现直角或锐角走线

（4）设计的焊盘形状一般是规则的，如 BGA 的焊盘是圆形的，QFP 的焊盘是长圆形的，CHIP 元器件的焊盘是矩形的等。但实际做出的 PCB 的焊盘并不规则，可以说是奇形怪状。例如，0402R 电阻封装的焊盘，如图 6-67 所示，由于生产时存在工艺偏差，设计的规则焊盘在出线之后在原矩形焊盘的基础上加了一个小矩形焊盘，不规则，出现了异形焊盘。

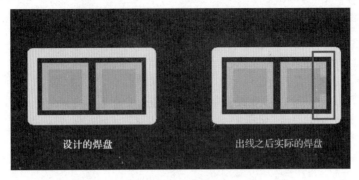

图 6-67　设计的焊盘和出线之后实际的焊盘

如果在 0402R 电阻封装的两个焊盘对角分别布线，加上 PCB 生产精度造成的阻焊偏差（阻焊窗单边比焊盘大 0.1mm），会形成如图 6-68 左图所示的焊盘。在这种情况下，在进行电阻焊接时由于焊锡表面张力的作用，会出现如图 6-68 右图所示的不良旋转现象。

图 6-68　不良出线造成元器件不良旋转现象

（5）采用合理的布线方式，焊盘连线采用关于长轴对称的扇出方式，可以有效地减小 CHIP 元器件贴装后的不良旋转；如果焊盘扇出的线也关于短轴对称，那么还可以减小 CHIP 元器件贴装后的漂移，如图 6-69 所示。

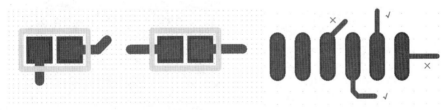

图 6-69　元器件的出线

（6）相邻焊盘是同网络的，不能直接连接，以免在手工焊时造成连焊，需要先连接外焊盘再进行连接，如图 6-70 所示。

图 6-70　相邻同网络焊盘的连接方式

（7）连接器引脚拉线需要从焊盘中心拉出后再往外走，不可以出现其他角度，以免在拔插连接器时把线撕裂，如图 6-71 所示。

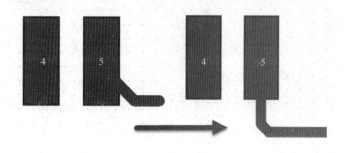

图 6-71　连接器的出线

6.5　电赛声源小车核心部分的布线

6.5.1　MCU 信号布线

在一般情况下，核心部分（MCU）是布线密度最大的地方，PCB 布线也是从核心部分开始的，这部分布线尽量不要就近打孔，建议拉线到密度不是很大的地方进行打孔布线。

如果过孔都打在 MCU 附近，则容易导致底层布线通道比较少，阻碍布线。

这时尽量采取总线布线方式先从 MCU 引脚拉出一把总线，然后在 MCU 外比较空旷的地方进行打孔布线，以防走线堵在 MCU 周边，无法走通。同时，应确保总线和总线之间有 GND 线进行隔离，以保障 GND 的敷铜完整性和连续性。MCU 的布线如图 6-72 所示。

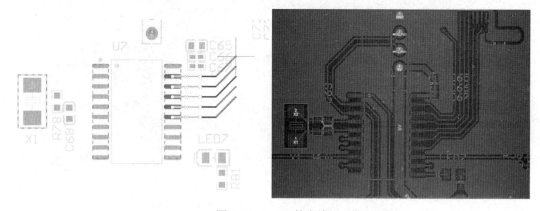

图 6-72　MCU 的布线

6.5.2　MCU 电源布线

对于电源布线，应该先了解电源大小，并结合"20mil 过载 1A"这个经验值，来确定布线的宽度；应尽量先经过电容之后才与 IC 的引脚相接，这样能够确保电容的滤波效果。MCU 电源推荐布线如图 6-73 所示。

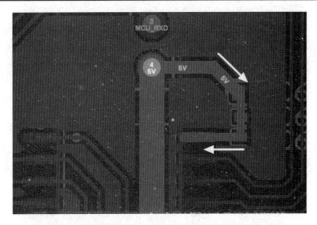

图 6-73　MCU 电源推荐布线

6.6　晶振的布线

晶振的布线如图 6-74 所示。

图 6-74　晶振的布线

晶振的布局以及布线规范如下。

（1）布局整体紧凑，一般放置在主控的同一侧，靠近主控。

（2）布局时尽量使电容分支短（目的是减小寄生电容）。

（3）晶振电路一般采用 π 形滤波形式，电容应放在晶振前面。

（4）走线采取类差分走线。

（5）晶振走线需要进行加粗处理：8～12mil。晶振按照普通单端阻抗线布线即可。

（6）对信号采取包地处理，每隔 50mil 放置一个屏蔽 GND 孔。

（7）晶振下方所有层原则上不允许布线，特别是关键信号线（晶振为干扰源）。

（8）不允许出现 Stub 线头，以防天线效应带来额外干扰。

6.7　整板电源供电布线要求

电源的布线如图 6-75 所示。从原理图中找出电源主干道，根据电源大小对主干道进行敷铜及添加过孔，不要出现主干道也像信号线一样只有一条很细的走线。与水管通水类似：如果水管水流入口处太小，就无法通过很大的水流，有可能因为水流过大造成爆管；如果水管水流入口处大、中间小，就可能造成爆管。类比到 PCB 就是如果主干道只有一条很细的走线，PCB 就可能被烧坏。

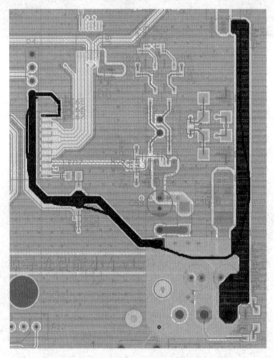

图 6-75　电源的布线

在遇到电源转换或电源走线时，应考虑它们的电流大小，根据电流大小来定义线宽。根据经验电源走线宽度应遵循"20mil 的走线过载 1A 电流，0.5mm 的过孔过载 1A 电流"的原则。

6.8　MIC 的 PCB 布线

（1）MIC 信号为敏感信号，应远离可能产生干扰的组件和走线，如天线、电池走线、高速数字走线和开关电源。

（2）MIC 信号走线应尽可能短且直，避免过长的走线和复杂的路径，以减少信号衰减、降低干扰。

（3）直角走线可能会引起信号反射和阻抗变化，应尽量避免。推荐使用 135°走线。

（4）MIC 信号线上尽量减少使用过孔，过孔会引入额外的阻抗和噪声。

（5）MIC 信号线应尽量用 GND 包起来，以提供屏蔽，降低外部干扰，如图 6-76 所示。

（6）MIC 信号走线宽度为 8～12mil。

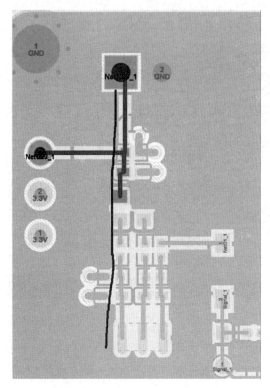

图 6-76　MIC 信号包地处理

6.9　USB 接口的 PCB 布线

（1）USB 的 D_P 信号与 D_N 信号需要进行差分布线，阻抗控制为 90Ω，并进行包地处理，总长度最好不要超过 1800mil；等长方式类似 HDMI 的绕线。

（2）为了抑制电磁辐射，USB 的差分线优先布在内层，并保证走线有一个完整的参考平面，以防走线因跨分割导致的阻抗不连续及外部噪声对差分线的影响的增大。

（3）USB 在进行差分布线时，尽可能减少换层过孔，过孔会造成线路阻抗不连续，在打孔换层处应加一对回流 GND 孔，以实现信号回流换层，如图 6-77 所示。

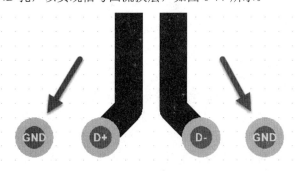

图 6-77　在打孔换层处添加 GND 孔

（4）若 USB 两边定位柱接的是保护地，则在分割时应保证与 GND 的距离是 2mm；并在保护地区域多打孔，以保证充分连接；并用磁珠与 GND 进行跨接，如图 6-78 所示。

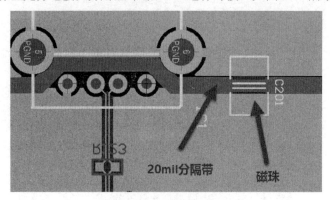

图 6-78　USB 保护地的隔离

6.10　其他 PCB 布线要点

6.10.1　GND 孔的放置

如图 6-79 所示，根据需要在打孔换层或易受干扰的地方放置 GND 孔，加强底层敷铜的 GND 的连接。

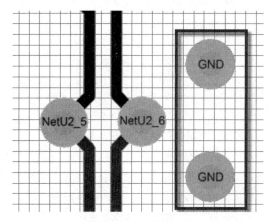

图 6-79　回流 GND 孔

6.10.2　走线与铜皮优化

处理完连通性后，需要对走线和铜皮进行优化，一般分为以下几方面。

（1）走线间距满足 3W 原则。在布线时走线间距太小，容易引起走线和走线之间的串扰。处理完连通性之后，可以设置一个针对线与线间距的规则来协助检查，如图 6-80 所示。

（2）减小环路面积。如图 6-81 所示，通常走线会包裹一个很大的环路，大环路的对外辐射面积大，吸收辐射面积也大。在对走线进行优化时需要进行相关处理——减小环路面积，一般是在按快捷键"Shift+S"进入单层视图之后进行人工检查。

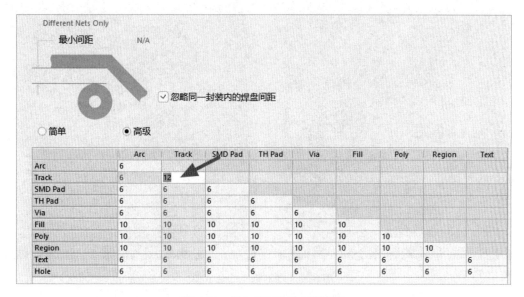

图 6-80　线与线间距的规则设置

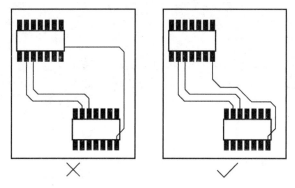

图 6-81　减小环路面积

（3）修铜。主要对一些电路瓶颈处进行修整，以及对尖岬铜皮进行移除，一般通过放置 Cutout 来实现，如图 6-82 所示。

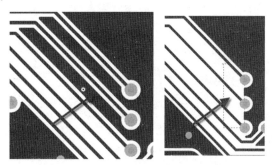

图 6-82　铜皮的修整

根据上述布线规则和重点注意模块，完成其他模块的布线及整体的连通性布线，然后对整板进行大面积敷铜处理。PCB 布线完成图如图 6-83 所示。

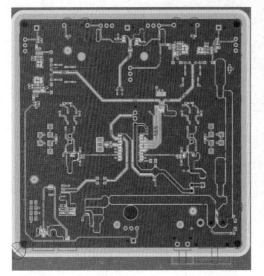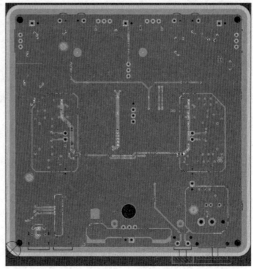

图 6-83　PCB 的布线完成图

6.11　本章小结

　　PCB 布线在 PCB 设计中占比很大，是学习的重点。读者需要掌握设计中的各类技巧，以有效缩短设计周期，提高设计质量。希望读者在学习过程中多加练习。

第 7 章

PCB 的 DRC 与生产文件的输出

前期为了满足各项设计要求，通常会设置很多约束规则，一个 PCB 在设计完成后，通常要进行 DRC。一个完整的 PCB 设计必须经过各项电气规则检查，常见检查包括间距、开路及短路检查，更严格的有差分对、阻抗线等检查。

学习目标

➢ 掌握 DRC 的使用方法，熟知 DRC 结果的处理方法。
➢ 掌握 Gerber 文件的输出步骤并能灵活运用。
➢ 掌握装配图和多层线路 PDF 文件的输出方式。

7.1 常见设计规则验证设置

7.1.1 DRC 设置

DRC 的目的是检查设计是否满足设置的规则。检查的选项和规则相对应，在检查某个选项时，要注意对应规则是否已经使能。

（1）执行菜单命令"工具"→"设计规则检查"（对应快捷键为"T+D"），如图 7-1 所示，打开如图 7-2 所示的"设计规则检查器"对话框。

图 7-1　执行菜单命令"工具"→
　　　　"设计规则检查"

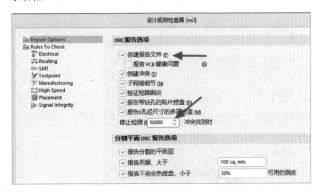

图 7-2　"设计规则检查器"对话框

①"创建报告文件"复选框：如果勾选此复选框，那么在执行 DRC 后，Altium Designer 23 会创建一个关于 DRC 的报告。该报告包含对报错信息进行的详细描述和报错的位置信息，便于设计

者对报错信息进行解读。DRC 报告详细内容如图 7-3 所示。

图 7-3　DRC 报告详细内容

②"停止检测 50000 冲突找到时"选项：表示当系统检测到 50000 个 DRC 报错时停止检查，系统默认设置为"500"。但是在将该值设置为"500"时，有些 DRC 报错会显示，有些 DRC 报错不会显示。不显示的 DRC 报错只有在修正已存在的错误再次进行 DRC 时才会显示，对于大板设计而言非常不方便。

（2）设置 DRC 选项，如图 7-4 所示，勾选需要检查的规则对应的"在线"栏和"批量"栏中的复选框。

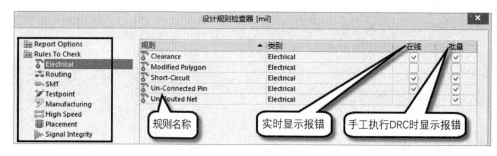

图 7-4　设置 DRC 选项

①"在线"复选框：若勾选此复选框，则 PCB 设计中存在 DRC 报错时可以实时地显示出来。
②"批量"复选框：若勾选此复选框，则只有手工执行 DRC 时，才会显示出报错。
在一般情况下，在进行 DRC 时会勾选二者，以便实时检查和手工检查同时进行。
并不是所有规则都需要检查，设计者只需要检查自己想要检查的规则。对于不需要检查的规则，取消勾选对应"在线"栏和"批量"栏中的复选框即可。下面对常见的几种 DRC 进行详细描述。

7.1.2　电气性能检查

电气性能检查包括间距检查、短路检查及开路检查，如图 7-5 所示，在一般情况下，这几项检查都需要进行。常见电气性能 DRC 报错如图 7-6 所示。

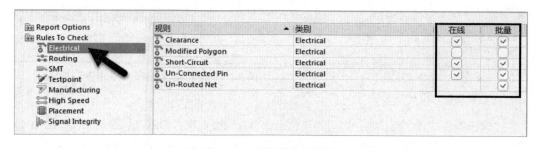

图 7-5　电气性能检查设置

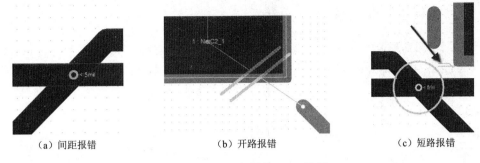

（a）间距报错　　　　　　（b）开路报错　　　　　　（c）短路报错

图 7-6　常见电气性能 DRC 报错

7.1.3　布线检查

如图 7-7 所示，布线检查包含阻抗线检查、过孔检查、差分线检查。当设置的线宽、过孔大小及差分线的线宽不满足规则时，会显示 DRC 报错。

图 7-7　阻抗线检查、过孔检查、差分线检查设置

小助手提示

一般在设计中，过孔种类不要超过两种，以减少生产时使用的钻头类型，提高生产效率。

7.1.4　Stub 线头检查

虽然会对走线进行优化，但是考虑到人工布线，走线的线头难免会有遗漏，这种线头简称 Stub 线头。Stub 线头在信号传输过程中相当于一根天线，会不断地接收或发射电磁信号，特别是在高速情况下，容易给走线导入串扰。因此，有必要对 Stub 线头进行检查，并删除。Stub 线头检查如图 7-8 所示。

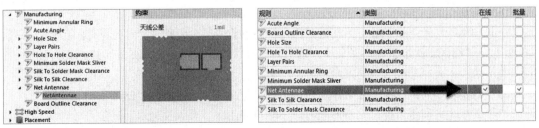

图 7-8　Stub 线头检查

"天线公差"规则：设置天线长度报错范围，一般设置为"1mil"。

7.1.5 丝印上阻焊检查

阻焊是防止绿油覆盖的区域，会出现露铜或露基材的情况。将丝印放置到这个区域，会出现无法显示的现象，因此需要进行丝印上阻焊检查。丝印上阻焊检查如图 7-9 所示，需要对其规则进行设置。

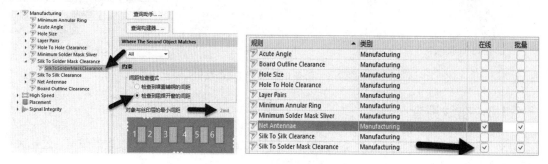

图 7-9　丝印上阻焊检查

丝印上阻焊规则需要设置如下选项。

（1）"检查到裸露铺铜的间距"单选按钮。

（2）"检查到阻焊开窗的间距"单选按钮：一般选择此项。

（3）"对象与丝印层的最小间距"栏：丝印到阻焊的最小间距，一般设置为"2mil"。

7.1.6 元器件高度检查

考虑到 PCB 布局有高度要求，因此需要对元器件高度等进行检查。要进行元器件高度检查，需要设置 PCB 封装的高度信息、设置高度检查规则及适配范围（全局还是局部）。元器件高度检查如图 7-10 所示。

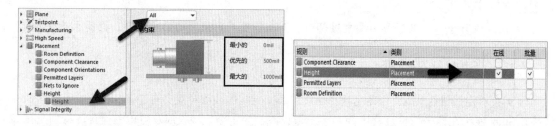

图 7-10　元器件高度检查

7.1.7 元器件间距检查

大部分 PCB 设计是手工布局，难免存在元器件重叠情况，因此需要对元器件间距进行检查，以防后期在进行元器件装配时出现干涉。常见的元器件重叠情况及元器件间距规则设置如图 7-11 所示。

（1）"最小水平间距"框：元器件间的最小水平间距，一般设置为"2mil"。

（2）"最小垂直间距"框：元器件间的最小垂直间距，一般设置为"2mil"。

元器件间距检查如图 7-12 所示。

勾选上述常见 DRC 选项对应的复选框后，执行 DRC 菜单左下角的"运行 DRC"命令，运行 DRC，等待几分钟之后，系统会生成一个 DRC 报告，该报告列出了详细的错误内容及位置，如

图 7-13 所示。回到 PCB 设计交互界面，在右下角执行命令"Panels"→"Messages"，打开"Messages"面板，如图 7-14 所示，也可以在"Messages"面板中查看 DRC 报告。在一般情况下，常采用第二种方法来查看 DRC 报告。

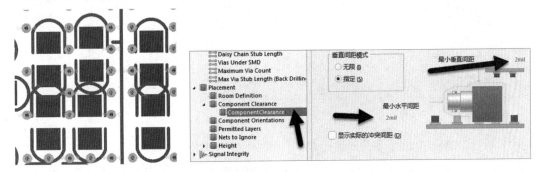

图 7-11　常见的元器件重叠情况及元器件间距规则设置

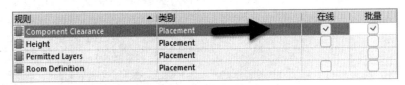

图 7-12　元器件间距检查

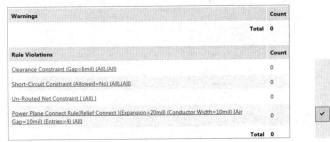

图 7-13　DRC 报告

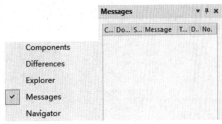

图 7-14　打开"Messages"面板

双击"Messages"面板中显示的 DRC 报告，可以跳转到报错位置，进而有针对性地对这个 DRC 报错进行处理。对于可以接受的 DRC 报错可以直接忽略。例如，当焊盘在禁止布线层边线上时，会出现间距报错，这种 DRC 报错是可以直接忽略的。

重复上述步骤直到没有 DRC 报错或所有 DRC 报错可以忽略为止。

7.2　常见 DRC 步骤和结果释义

7.2.1　DRC 步骤

DRC 主要对设置规则进行验证，检查设计是否满足规则要求，主要对 PCB 的开路和短路进行检查。如果有特殊要求，可以使用 DRC 对走线的宽度、过孔的大小、丝印和丝印的间距等进行检查。

（1）按快捷键"T+D"，打开"设计规则检查器"对话框，勾选需要检查的规则对应的复选框，如图 7-15 所示。在一般情况下，勾选"在线"栏和"批量"栏中的所有复选框。

图 7-15 "设计规则检查器"对话框

（2）执行 DRC 菜单左下角的"运行 DRC"命令，运行 DRC。

（3）检查出的问题可以通过执行"Panels"→"Messages"命令，在打开的"Messages"面板中查看。双击"Messages"面板中的 DRC 报告，可以自动跳转到报错处，如图 7-16 所示。

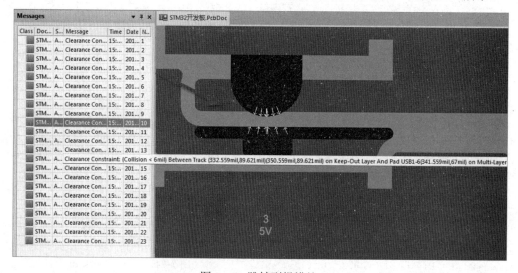

图 7-16 跳转到报错处

（4）修正完毕后，按快捷键"T+D+R"，再次进行 DRC，直到所有检查都通过为止。

7.2.2 常见 DRC 结果释义

很多人按照上述步骤进行 DRC 之后，不知道 DRC 报告中的报错含义，也不知道如何修改。下面对一些常见的 DRC 结果进行解释，以供读者参考。

（1）Clearance Constraint (Gap=8mil) (All),(All)：间距规则问题，需要检查间距是否满足规则要求。

（2）Short-Circuit Constraint (Allowed=No) (All),(All)：PCB 某处存在短路，需要检查 PCB 走线。

（3）Un-Routed Net Constraint ((All))：PCB 存在开路，需要确保所有线连通。

（4）Modified Polygon (Allow modified: No), (Allow shelved: No)：修改后的铜皮没有重新进行敷铜操作，不允许存在这样的铜皮。

（5）Width Constraint (Min=8mil) (Max=8mil) (Preferred=8mil) (All)：线宽规则报错，需要检查走线宽度是否在设置的线宽允许范围内。

（6）Routing Via (MinHoleWidth=12mil) (MaxHoleWidth=12mil) (PreferredHoleWidth=12mil) (MinWidth=24mil) (MaxWidth=24mil) (PreferredWidth=24mil) (All)：过孔大小规则，检查 PCB 设计放置的过孔大小是不是过孔约束规则中设置的大小，如果不是，就改成相应大小。

（7）Minimum Solder Mask Sliver (Gap=10mil) (Disabled)(All),(All)：最小阻焊桥规则，检查阻焊的间距，二者的间距必须满足设置值，否则在生产时无法生产绿油桥（一般绿油桥最小为 4mil）。

（8）Silk To Solder Mask (Clearance=10mil) (Disabled)(IsPad),(All)：丝印放置到阻焊上了。阻焊的作用是防止油墨覆盖，若将丝印放置到了阻焊上，则 PCB 在生产出来后会出现丝印残缺。因此不允许出现此类报错，应进行相应检查。

（9）Net Antennae (Tolerance=0mil) (Disabled)(All)：线头规则，设计中出现了 Stub 线头，应进行相应检查。

（10）Component Clearance Constraint (Horizontal Gap = 10mil, Vertical Gap = 10mil) (Disabled) (All),(All)：元器件和元器件规则，设置这个规则的目的是防止元器件和元器件交叠放置，以防后期在进行元器件贴片时产生冲突。

（11）Height Constraint (Min=0mil) (Max=1000mil) (Preferred=500mil) (All)：对于有高度要求的区域，通常需要对放置在本区域中的元器件高度进行检查，以防后期装配时和外壳产生冲突。

7.3　丝印的调整

针对后期装配元器件，特别是手工装配元器件，一般会制作 PCB 的装配图，用于对元器件进行定位，这时就显示出丝印位号的必要性了。

在生产时 PCB 上的丝印位号显示或隐藏，不会影响装配图的输出。先按快捷键"L"，单击"所有图层关闭"按钮，关闭所有层，再打开丝印层及对应的阻焊层，即可对丝印进行调整。

7.3.1　丝印位号调整的原则及常规推荐尺寸

丝印位号调整应遵循的原则及常规推荐尺寸如下。

（1）丝印位号不上阻焊，防止丝印生产之后缺失。

（2）丝印位号清晰，字号推荐字宽/字高尺寸为 4/25mil、5/30mil、6/45mil。

（3）保持方向统一，一般一块 PCB 上丝印位号的摆放方向不要超过两种。建议将丝印位号放在元器件左侧、上侧或下侧，如图 7-17 所示。

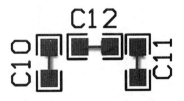

图 7-17　推荐的丝印位号方向

（4）对于一些摆不下的丝印位号，可以用放置 2D 辅助线或放置方块标记，以便读取，如图 7-18 所示。

图 7-18　辅助线及方块

7.3.2　丝印位号的调整方法

Altium Designer 23 提供了一个快速调整丝印位号的功能——元器件文本位置功能，利用此功能可以快速地把元器件的丝印放置在元器件四周或元器件中心。

（1）选中需要操作的元器件。

（2）按快捷键"A+P"，进入"元器件文本位置"对话框，如图 7-19 所示。该对话框提供了丝印位号（标识符）和注释两种摆放方式。这里以丝印位号为例进行说明。

（3）丝印位号提供向上、向下、向左、向右、左上、左下、右上、右下几种方向，可以通过设置"元器件文本位置"命令快捷键的方法，将这几种方向与小键盘上的数字键对应。若想快速地把丝印位号放置到元器件上方，则按小键盘上的数字键"5"和"2"，效果如图 7-20 所示。其他方向丝印位号的放置方法类似。例如，按数字键"5"和"6"可将丝印位号放置到元器件右方，按数字键"5"和"8"可将丝印位号放置到元器件下方。

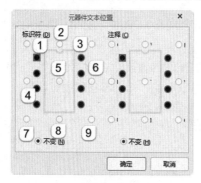

图 7-19　元器件文本位置

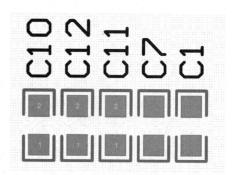

图 7-20　将丝印位号快速放置到元器件上方的效果

7.4　PCB 尺寸标注

为了使设计者或生产者更方便地知晓 PCB 尺寸及相关信息，在设计 PCB 时通常会给设计好的 PCB 添加尺寸标注。尺寸标注方式分为线性标注、圆弧半径标注等形式，下面对常用的线性标注及圆弧半径标注进行说明。

7.4.1　线性标注

（1）尺寸标注一般放置在机械层。选择一个相对简洁的机械层（没有其他标注的或标注比较清晰的），执行菜单命令"放置"→"尺寸"→"线性尺寸"，单击边线，开始放置线性标注。在放置状态下按空格键，选择横向放置标注还是竖向放置标注，再次单击另外一边的边线，就可以完成尺寸标注的放置，如图 7-21 所示。

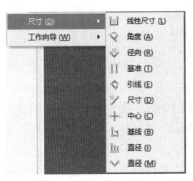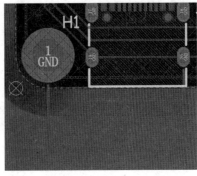

图 7-21　放置尺寸标注

（2）在放置状态下按"Tab"键，可以设置相关显示参数，如图 7-22 所示。在一般情况下，按习惯和需求设置显示参数。

① "Layer"下拉列表：设置尺寸标注放置的层。

② "Primary Units"下拉列表：设置尺寸标注显示的单位。

③ "Value Precision"下拉列表：设置尺寸标注显示的小数位个数。

④ "Format"下拉列表：设置尺寸标注的显示格式，如××、×× mm、××（mm）等。

线性标注效果如图 7-23 所示。

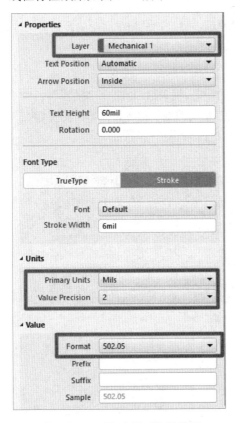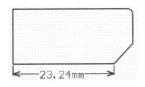

图 7-22　尺寸标注显示参数设置　　　　　图 7-23　线性标注效果

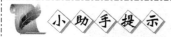

为了规范标注，建议采用两位小数标注，单位选择 mm。

7.4.2　圆弧半径标注

放置圆弧半径标注的方法与放置线性标注的方法类似，执行菜单命令"放置"→"尺寸"→"径向"，单击圆弧，放置圆弧半径标注。放置完成后，双击显示参数可对圆弧半径标注显示参数进行设置。圆弧半径标注效果如图 7-24 所示。

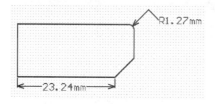

图 7-24　圆弧半径标注效果

7.5　距离测量

距离测量大致可分为两种：一种是点到点距离的测量，另一种是边缘间距的测量。

7.5.1　点到点距离的测量

点到点距离的测量主要用于测量某两个对象之间的距离。执行菜单命令"报告"→"测量距离"（对应快捷键为"Ctrl+M"或"R+M"），激活点到点距离的测量命令，再单击测量起点和测量终点，系统测量后会弹出一个标有 X 轴与 Y 轴长度的报告，如图 7-25 所示。

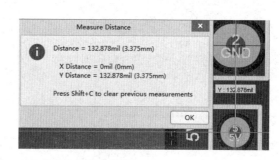

图 7-25　点到点距离的测量

7.5.2　边缘间距的测量

边缘间距的测量是测量两个对象边缘和边缘间的距离，不管单击对象的哪个部位，只会测量对象与对象间最近边缘的直线距离。执行菜单命令"报告"→"测量"（对应快捷键为"R+P"），激活边缘间距的测量命令，分别单击两个对象，系统测量后会弹出一个长度报告，如图 7-26 所示。

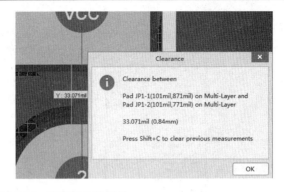

图 7-26　边缘间距的测量

7.6　PCB 生产文件的输出

生产文件的输出俗称 Gerber Out。Gerber 文件是所有电路设计软件都可以生成的文件，在电子组装业称为模板文件（Stencil Data），在 PCB 制造业称为光绘文件。可以说，Gerber 文件是电子组装业中应用范围最广的文件，生产厂家只要拿到 Gerber 文件，就可以方便且精确地读取制板信息。

7.6.1　Gerber 文件的输出

（1）在 PCB 设计交互界面中，执行菜单命令"文件"→"制造输出"→"Gerber Files"，进入"Gerber 设置"对话框，如图 7-27 所示。

① "单位"选区：选择输出单位，通常选择"英寸"单选按钮。

② "格式"选区：选择比例格式，通常选择"2∶4"单选按钮。这个是数据精度。

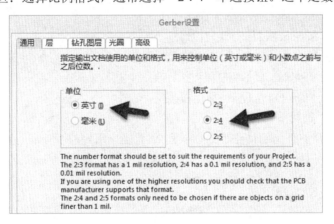

图 7-27　"Gerber 设置"对话框

（2）"层"选项卡设置如下。

① 在"绘制层"下拉列表中选择"选择使用的"选项，即可勾选"出图"栏中的所有复选框。当然，对于不需要输出的层，直接取消勾选对应"出图"栏中的复选框即可。

② 在"镜像层"下拉列表中选择"全部去掉"选项，即可取消勾选"镜像"栏中的所有复选框，不能进行镜像输出。

"层"选项卡的设置如图 7-28 所示，注意图中框出部分是必选项。

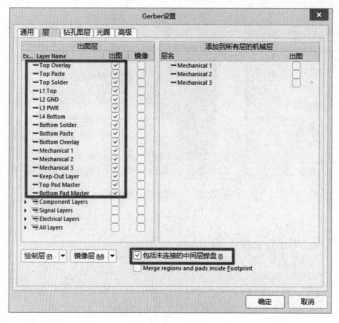

图 7-28 "层"选项卡的设置

层的英文释义如下。

● GTP：Gerber Top Paste，顶层钢网层。
● GTS：Gerber Top Solder，顶层阻焊层。
● GTO：Gerber Top Overlayer，顶层丝印层。
● GTL：Gerber Top Layer，顶层线路层。
● GBL：Gerber Bottom Layer，底层线路层。
● GBO：Gerber Bottom Overlayer，底层丝印层。
● GBS：Gerber Bottom Solder，底层阻焊层。
● GBP：Gerber Bottom Paste，底层钢网层。
● GM1：Gerber Mechanical 1，机械标注 1 层。
● GKO：Gerber Keep-Out Layer，禁止布线层。

（3）"钻孔图层"选项卡设置如下。

勾选两个"输出所有使用的钻孔对"复选框，设置输出用到的所有钻孔类型，如图 7-29 所示。

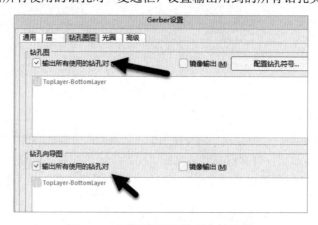

图 7-29 "钻孔图层"选项卡的设置

（4）"光圈"选项卡设置如下。

勾选"嵌入的孔径"复选框，即选择 RS274X 格式进行输出，如图 7-30 所示。

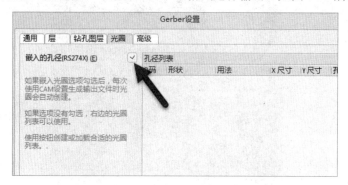

图 7-30　"光圈"选项卡的设置

（5）"高级"选项卡设置如下。

如图 7-31 所示，将"胶片规则"选区中三个数值框的值都在末尾增加一个"0"，增大数值，以防出现输出面积过小的情况。其他选项采取默认设置即可。

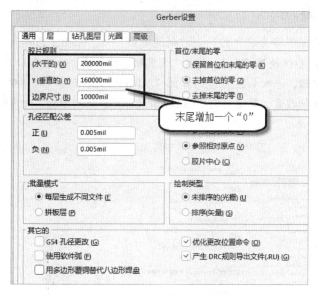

图 7-31　"高级"选项卡的设置

如果不扩大数值，可能出现如图 7-32 所示的提示框，提示 Gerber 文件输出面积过小。

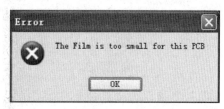

图 7-32　Gerber 文件输出面积过小提示框

Gerber 文件输出效果预览如图 7-33 所示。

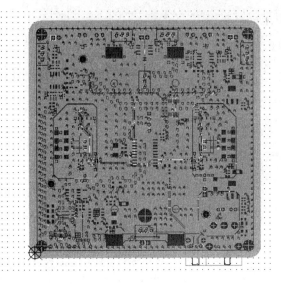

图 7-33　Gerber 文件输出效果预览

小助手提示

　　有些读者在执行菜单命令"文件"→"制造输出"→"Gerber Files"后出现的界面可能和图 7-27 不一样。可以按快捷键"T+P"进入"优选项"对话框，如图 7-34 所示。在该对话框中，单击"Advanced"按钮，进入如图 7-35 所示的"Advanced Settings"对话框，在右上角搜索框中输入"gerber"，并进行搜索。取消勾选"Ul.Unification.GerberDialog"对应的"Value"列的复选框，重启软件即可。

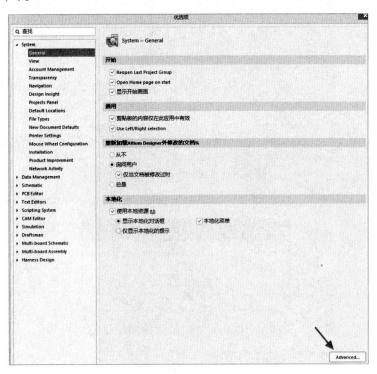

图 7-34　"优选项"对话框

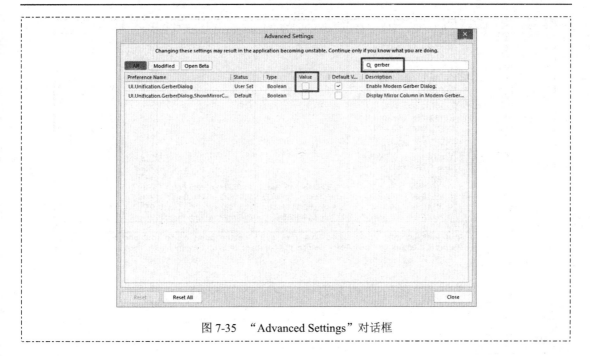

图 7-35　"Advanced Settings"对话框

7.6.2　钻孔文件的输出

PCB 上放置的安装孔和过孔需要通过钻孔文件输出。在 PCB 设计交互界面中，执行菜单命令"文件"→"制造输出"→"NC Drill Files"，进入"NC Drill 设置"对话框，对钻孔文件的输出进行设置，如图 7-36 所示。

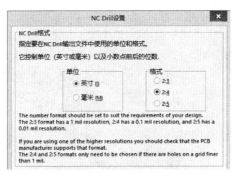

图 7-36　钻孔文件的输出设置

（1）"单位"选区：选择输出单位，通常选择"英寸"单选按钮。

（2）"格式"选区：选择比例格式，通常选择"2：4"单选按钮。

（3）其他选项保持默认设置。

在 PCB 设计阶段，通常在"Drill Drawing"层放置".Legend"字符 [见图 7-37（a）]，在输出 Gerber 文件后即可详细地看到钻孔的属性及数量等信息，如图 7-37（b）所示。

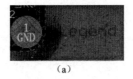

（a）

图 7-37　".Legend"字符的放置和输出

Symbol	Hit Count	Finished Hole Size	Physical Length	Rout Path Length	Plated	Hole Type
□	269	0.254mm (10mil)			PTH	Round
✿	32	0.3048mm (12mil)			NPTH	Round
A	550	0.3048mm (12mil)			PTH	Round
⋈	99	0.508mm (20mil)			PTH	Round
C	2	0.7mm (27.559mil)			NPTH	Round
B	18	0.762mm (30mil)			PTH	Round
▢	8	0.8mm (31.496mil)			PTH	Round
✿	8	1mm (39.37mil)			PTH	Round
⋈	4	1.09982mm (43.3mil)			PTH	Round
○	12	1.19888mm (47.2mil)			PTH	Round
▽	4	1.30048mm (51.2mil)			PTH	Round
○	2	1.50114mm (59.1mil)			PTH	Round
▽	5	1.80086mm (70.9mil)			PTH	Round
⊕	4	3mm (118.11mil)			PTH	Round
⋈	1	6.2mm (244.095mil)			NPTH	Round
✿	2	0.50038mm (19.7mil)	1.15062mm (45.3mil)	0.65024mm (25.6mil)	PTH	Slot
▢	2	0.55118mm (21.7mil)	0.8509mm (33.5mil)	0.29972mm (11.8mil)	PTH	Slot
◇	2	0.70002mm (27.56mil)	1.4mm (55.118mil)	0.69997mm (27.558mil)	PTH	Slot
⊠	2	0.70002mm (27.56mil)	1.7mm (66.929mil)	0.99997mm (39.369mil)	PTH	Slot
	1026 Total					

Slot definitions : Rout Path Length = Calculated from tool start centre position to tool end centre position.
Physical Length = Rout Path Length + Tool Size = Slot length as defined in the PCB layout

(b)

图 7-37 ".Legend"字符的放置和输出（续）

 小 助 手 提 示

在"Drill Drawing"层放置".Legend"字符时，字高/字宽不要太大，设置为 30/5 mil 最佳。

7.6.3　IPC 网表的输出

如果在提交 Gerber 文件给生产厂家时同时生成 IPC 网表给厂家核对，那么在制板时就可以检查出一些常规的开路、短路问题，进而避免一些损失。

在 PCB 设计交互界面中，执行菜单命令"文件"→"装配输出"→"Test Point Report"，进入"Assembly Testpoint Setup"对话框，按照图 7-38 所示进行相关设置后输出即可。

图 7-38　"Assembly Testpoint Setup"对话框

7.6.4　坐标文件的输出

制板完成后，需要对各个元器件进行贴片，这时需要使用各元器件的坐标图。Altium Designer 23 通常输出 TXT 格式的坐标文件。在 PCB 设计交互界面中，执行菜单命令"文件"→"装配输出"→"Generate Pick and Place Files"，进入"拾放文件设置"对话框，如图 7-39 所示，设置输出文件的单位和格式。

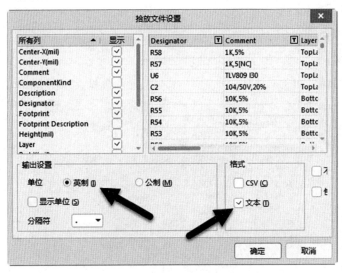

图 7-39　"拾放文件设置"对话框

至此，所有 Gerber 文件输出完毕。把当前工程目录下"gerber"文件夹（见图 7-40）中的所有文件打包发送给厂家即可。

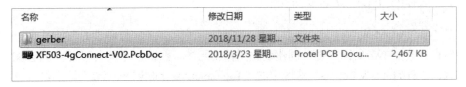

图 7-40　"gerber"文件夹

7.7　PDF 装配图的输出

在 PCB 生产调试期间，为了便于查看文件或查询相关元器件信息，常把 PCB 设计文件转换成 PDF 文件。下面介绍 PDF 文件的输出方式。

前期工作是在计算机上安装虚拟打印机及 PDF 阅读器，准备充足后按照以下步骤进行操作。

（1）执行菜单命令"文件"→"智能 PDF"，打开"智能 PDF"对话框，如图 7-41 所示，单击"Next"按钮。

（2）进入"选择导出目标"界面，如图 7-42 所示，按照提示设置文件的输出路径，设置完成后，单击"Next"按钮。

（3）进入"导出 BOM 表"界面，如图 7-43 所示。"导出原材料的 BOM 表"复选框为可选项，因为 Altium Designer 23 有专门输出 BOM 表的功能，所以此处一般不勾选。

图 7-41 "智能 PDF"对话框　　　　　　　　　图 7-42 "选择导出目标"界面

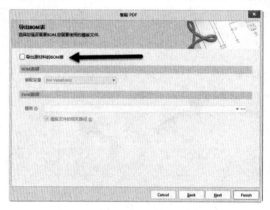

图 7-43 "导出 BOM 表"界面

7.7.1 装配图 PDF 文件的输出

（1）在"导出 BOM 表"界面，单击"Next"按钮，进入"PCB 打印设置"界面，如图 7-44 所示。在输出栏目条上单击鼠标右键，创建装配图输出元素。默认创建顶层和底层装配输出元素。

（2）双击"Printouts & Layers"选区中的"Top LayerAssembly Drawing"输出栏目条，对装配元素输出属性进行设置。针对装配元素，一般需要输出的是机械层、丝印层及阻焊层。单击"添加"按钮、"删除"按钮等进行相关输出层的添加、删除操作，如图 7-45 所示。对"Printouts & Layers"选区中的"Bottom LayerAssembly Drawing"输出栏目条进行相同的操作。

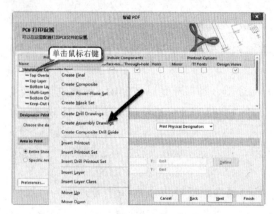

图 7-44 "PCB 打印设置"界面

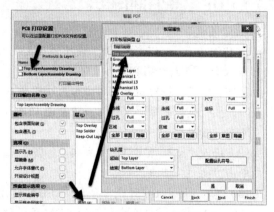

图 7-45 装配元素输出属性设置

如果是装配图，一般输出如下层。

① Top/Bottom Overlay：丝印层。

② Top/Bottom Solder：阻焊层。

③ Mechanical/Keep-Out Layer：机械层/禁布层。

（3）在如图 7-46 所示的视图设置区域中，若勾选"Bottom LayerAssembly Drawing"选项对应"Mirror"列的复选框，则输出的 PDF 文件是顶视图；反之，若不勾选"Bottom LayerAssembly Drawing"选项对应"Mirror"列的复选框，则输出的 PDF 文件是底视图。

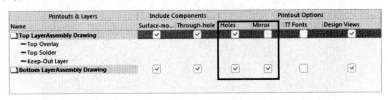

图 7-46　视图设置区域

（4）"Area to Print"选区：选择 PDF 打印范围，如图 7-47 所示。

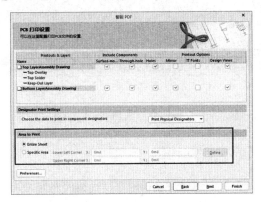

图 7-47　"Area to Print"选区

① "Entire Sheet"单选按钮：若选择此单选按钮，则打印整个文档。

② "Specific Area"单选按钮：设置打印区域，若选择此单选按钮，则自行输入打印范围的坐标；也可以单击"Define"按钮，框选需要打印的范围。

（5）在"PCB 颜色模式"选区（见图 7-48）中，设置颜色模式，包含"颜色"单选按钮、"灰度"单选按钮、"单色"单选按钮。完成设置后单击"Finish"按钮，完成装配图的 PDF 文件输出。

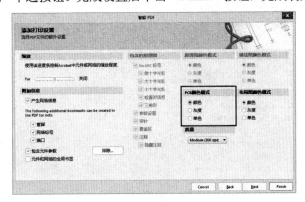

图 7-48　"PCB 颜色模式"选区

Demo 案例装配图的 PDF 文件输出效果图如图 7-49 所示。

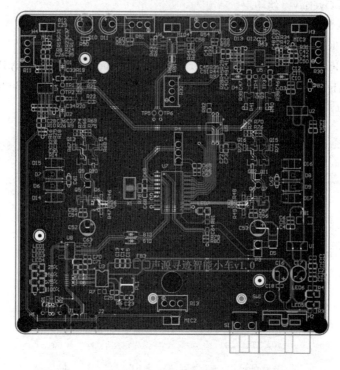

图 7-49　Demo 案例装配图的 PDF 文件输出效果图

7.7.2　多层线路 PDF 文件的输出

不熟悉 Altium Designer 23 的工程师可以利用多层线路的 PDF 文件检查 PCB 线路。多层线路 PDF 文件的输出操作方式类似于装配图的 PDF 文件输出操作方式。

（1）在"智能 PDF"对话框中单击"Next"按钮，直至进入"PCB 打印设置"界面。在输出栏目条上单击鼠标右键，选择"Insert Printout"选项，如图 7-50 所示，添加需要输出的层。

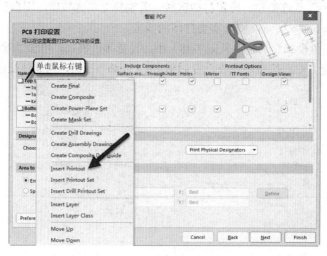

图 7-50　选择"Insert Printout"选项

（2）双击输出栏目条，对输出层的属性进行设置，如图 7-51 所示，单击"添加"按钮、"删除"按钮等进行相关输出层的添加、删除等操作。勾选"Bottom LayerAssembly Drawing"选项对应"Mirror"列的复选框。每一个栏目条对应一层即可。

图 7-51　设置输出层的属性

（3）设置输出颜色——选择"PCB 颜色模式"选区中的"颜色"单选按钮，单击"Finish"按钮，完成多层线路的 PDF 文件输出，效果图如图 7-52 所示。

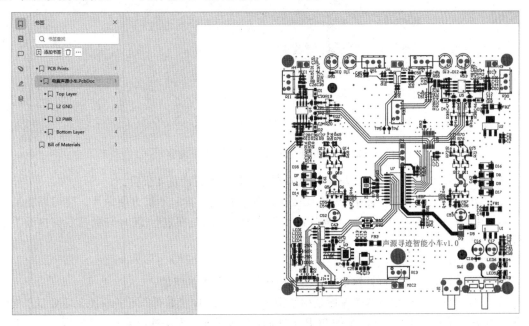

图 7-52　多层线路的 PDF 文件输出效果图

7.8　PCB 制板说明书的制作

完成 PCB 设计后，就可以将制板资料发送给板厂进行生产了。说明书用于对 PCB 生产的表面工艺、板厚进行说明，其目的是告知板厂工程人员此 PCB 的制作要求。

一般来说，可以通过很多 PCB 板厂的在线计价网站进行了解，常见的 PCB 生产工艺要求内容如图 7-53 所示。

图 7-53　常见的 PCB 生产工艺要求内容

（1）"板子层数"选项：主要是基于 PCB 的设计层，本设计是 4 层板。

（2）"出货形式"选项：如果 PCB 比较小，建议拼板出货，不仅方便贴片，还可以提高效率。如果 PCB 比较大，可以选择"单片出货"选项，优点是在进行 PCB 分板时没有拼板手工分板的毛刺。

（3）"单片尺寸"选项：注意板厂所需单位。

（4）"单片数量"选项：打样生产或量产时该值一般是 5 的倍数。

（5）"板子厚度"选项：这个厚度是由结构工程师和 PCB 工程师一起确认的，需要基于实际 PCB 厚度进行设置，否则生产出来的 PCB 无法满足结构要求，无法进行装配，开发板厚度一般选择"1.6"选项。

（6）"外层铜厚"选项：对于信号板来说，一般选择"1oz"选项；对于电源板，为了增大载流可以选择"2oz"选项。注意，铜厚越厚，成本越高。

（7）"最小线宽/线距"选项：一般来说，线宽和线距越大，生产要求的精度越低，设备成本越低，板厂均摊到 PCB 上的成本越低。所以在设计 PCB 时该值应尽量大一点。一般为 6mil、5mil、4mil。

（8）"最小孔径"选项：类似于最小线宽，一般为 0.3mm、0.25mm、0.2mm 等。

（9）"阻焊颜色"选项：是 PCB 制作出来的颜色，如果要求 PCB 制作出来是绿色，那么此处选择"绿色"选项；如果要求 PCB 制作出来是红色，那么此处选择"红色"选项。

（10）"字符颜色"选项：选择丝印颜色，默认为白色。如果 PCB 的颜色是白色，那么建议选择"黑色"选项。

（11）"阻焊覆盖"选项：默认选择"过孔盖油"，一个 PCB 设计中一般只有散热孔是开窗的，其他孔都采取盖油处理方式，防止因过孔和过孔、过孔和焊盘过近，在焊接时因沾上锡膏而短路。

（12）"焊盘喷镀"选项：一般没有 BGA 的 PCB 选择"无铅喷锡"选项，有 BGA 的 PCB 选择"沉金"选项。

（13）"金属半孔/包边"选项：一般选择"无"选项。只有核心板存在类似的半孔工艺，成本相对较高。

（14）"阻抗"选项：需要控制阻抗时，就选择"有"选项，以便板厂注意 PCB 的阻抗情况。

根据上述内容设置参数后，上传 Gerber 文件给板厂，板厂就可以开始进行生产了。

7.9　本章小结

本章主要讲述了 PCB 设计的后期处理内容，包括 DRC、丝印的摆放、Geber 文件的输出及 PDF 文件的输出。读者应该全面掌握本章内容，并将其应用到自己的设计中。

一些 DRC 的检查项可以直接忽略，但是本章提到的检查项应着重检查，这样做在设计阶段可以规避很多生产问题。若读者有不理解的地方，可和本书编著者沟通咨询。

第 8 章

同轴电缆长度与终端负载检测装置设计

前面的电赛声源小车实例为 4 层板设计实例，本章同轴电缆长度与终端负载检测装置设计为 2 层板设计实例。2 层板和多层板的原理图设计是一样的，在此不再进行详细讲解。

本章实例文件可以联系编著者免费获取，同时凡亿教育提供本实例增值全程实战 PCB 设计教学视频。

 学习目标

➢ 了解本章实例的设计要求。
➢ 掌握常用的 PCB 设计技巧。
➢ 熟悉 PCB 设计整体流程。
➢ 掌握交互式布局和模块化快速布局的方法。

8.1 实例简介

在许多通信和电子系统中，准确测量同轴电缆的长度和检测终端负载是至关重要的。这有助于确保信号的完整性和系统的可靠性。本章旨在开发一款便携式检测装置，该装置可快速、准确地测量同轴电缆长度并检测终端负载。

同轴电缆长度与终端负载检测装置具有良好的测量精度和稳定性，且易于操作，能够满足多种应用场景的需求。

本实例要求用 2 层板完成 PCB 设计，其他设计要求如下。

（1）尺寸为 60mm×85mm，板厚为 1.6mm。

（2）定位孔直径为 5mm。

（3）满足绝大多数制板厂工艺要求。

8.2 原理图的编译与检查

8.2.1 工程的创建与添加

（1）执行菜单命令"文件"→"新的"→"项目"并选择"Local Projects"选项，在"Project Name"框中输入"同轴电缆长度与终端负载检测装置"，保存文件到硬盘目录下。"Folder"栏中为文件路径。

（2）将光标放在"同轴电缆长度与终端负载检测装置.PrjPcb"工程文件上，单击鼠标右键，选择"添加已有文档到工程"选项，选择需要添加的原理图和客户提供的封装库文件。

（3）执行菜单命令"文件"→"新的"→"PCB"，创建一个新的 PCB，将其命名为"同轴电缆长度与终端负载检测装置.PcbDoc"，并保存到当前工程中。

8.2.2　原理图编译设置

将光标放在"同轴电缆长度与终端负载检测装置.PrjPcb"工程文件上，单击鼠标右键，选择"工程选项"选项，设置常规编译选项。如图 8-1 所示，在"报告格式"栏中选择报告类型，这里选择"致命错误"类型，以便查看错误报告，在设置时一定要检查以下检查项。

（1）Duplicate Part Designators：存在重复的元器件位号。

（2）Floating net labels：存在悬浮的网络标签。

（3）Nets with multiple names：存在重复命名的网络。

（4）Nets with only one pin：存在单端网络。

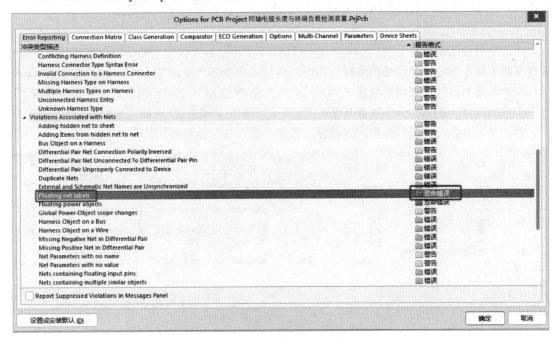

图 8-1　原理图编译设置

8.2.3　编译与检查

（1）设置编译项后即可对原理图进行编译，执行菜单命令"项目"→"Validate PCB Project 同轴电缆长度与终端负载检测装置.PrjPcb"，如图 8-2 左图所示，即可完成原理图编译。

（2）在 PCB 设计交互界面的右下角依次执行"Panels"→"Messages"命令，打开"Messages"面板，查看编译报告。双击红色提示，如图 8-2 右图所示，自动跳转到原理图存在对应问题的地方。将存在的问题记录下来，提交给原理图工程师进行确认和更正。

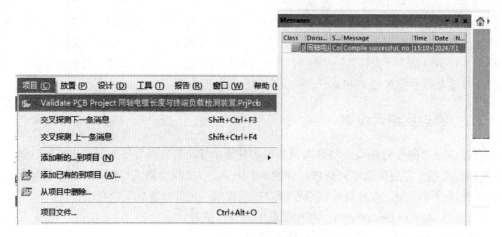

图 8-2   编译与编译报告

8.3   封装匹配的检查及 PCB 的导入

在进行封装匹配检查之前，可以先进行网表导入。根据导入情况判断是否存在封装缺失或元器件引脚不匹配问题。在原理图编辑界面中，执行菜单命令"设计"→"Update PCB Document 同轴电缆长度与终端负载检测装置.PcbDoc"；或者在 PCB 设计交互界面中，执行菜单命令"设计"→"Import Changes From 同轴电缆长度与终端负载检测装置.PrjPcb"，进入"工程变更指令"对话框，单击"执行变更"按钮，进行导入操作，导入情况如图 8-3 所示。

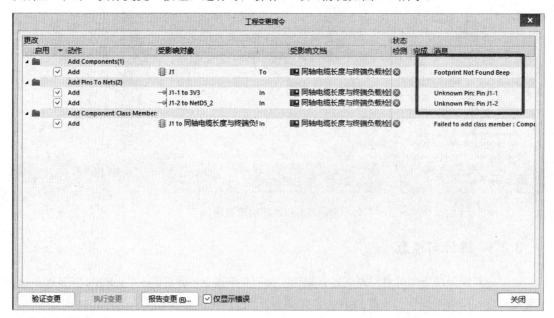

图 8-3   导入情况

（1）"Footprint Not Found Beep"：意思是在封装库里面找不到 Beep 的封装。

（2）"Unknown Pin"：意思是有无法识别的引脚，无法对元器件网络进行导入。

8.3.1　封装匹配的检查

（1）在原理图编辑界面中，执行菜单命令"工具"→"封装管理器"，进入封装管理器，查看所有元器件封装信息。

（2）确认所有元器件都存在封装名称。如果有元器件不存在封装名称，就会存在元器件网络无法导入的问题，如出现"Unknown Pin"错误提示。

（3）确认封装名称匹配。如果原理图中的封装名称为"Beep"，封装库中的封装名称为"Beep-1"，那么将无法进行匹配，出现"Footprint Not Found Beep"错误提示。

（4）如果存在上述现象，可以在封装管理器中检查无封装名称的元器件和封装名称不匹配的元器件，按如图 8-4 所示的步骤对封装进行添加、删除与编辑操作，使其与封装库中的封装名称匹配。在多选情况下，可以进行批量操作。

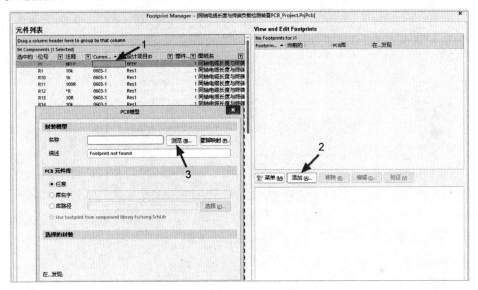

图 8-4　封装的添加、删除与编辑

（5）修改或选择库路径后，单击"确定"按钮，单击"接受变化"按钮，单击"执行变更"按钮执行变更，如图 8-5 所示。

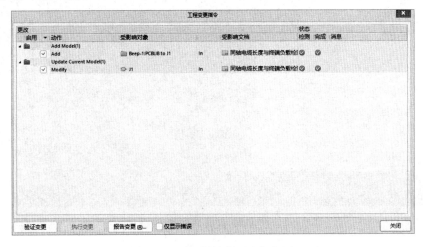

图 8-5　原理图封装匹配与变更

8.3.2　PCB 的导入

（1）在原理图编辑界面，执行菜单命令"设计"→"Update PCB Document 同轴电缆长度与终端负载检测装置.PcbDoc"；或者在 PCB 设计交互界面，执行菜单命令"设计"→"Import Changes From 同轴电缆长度与终端负载检测装置.PrjPcb"，使用直接导入法再次执行原理图导入 PCB 操作。通过查看"工程变更指令"对话框中的"状态"栏可以确定导入状态，如果"状态"栏显示的是"√"，就表示此项导入成功；如果"状态"栏显示的是"×"，就表示此项导入出现问题，如图 8-6 所示。

图 8-6　导入状态

（2）如果存在问题，在进行检查后再导入一次，直到全部成功导入。

PCB 导入效果如图 8-7 所示。

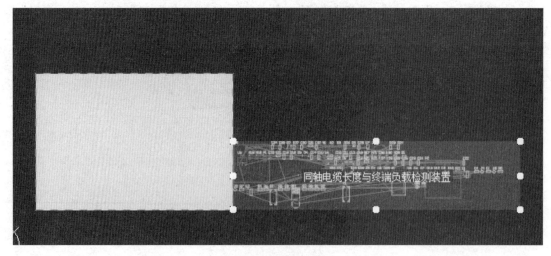

图 8-7　PCB 导入效果

8.4 PCB 推荐参数设置、叠层设置及板框的绘制

8.4.1 PCB 推荐参数设置

（1）导入之后存在报错，取消勾选不需要进行 DRC 的检查项，检查项过多会导致在进行 PCB 布局、布线时出现卡顿现象，可以只剩下电气性能相关检查项，如图 8-8 所示。

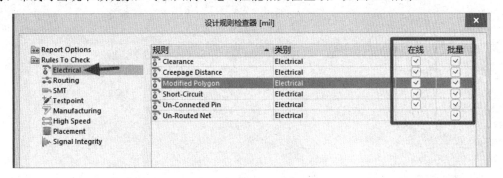

图 8-8 电气性能相关检查项

（2）利用全局操作把元器件的丝印位号调小（推荐字高为 10mil，字宽为 2mil），并调整到元器件中心，使其不阻碍视线，并在进行 PCB 布局、布线时识别，如图 8-9 所示。

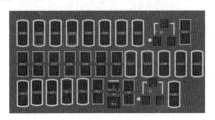

图 8-9 将丝印位号放到元器件中心

（3）按快捷键"Ctrl+G"，按照图 8-10 所示参数对栅格进行设置。

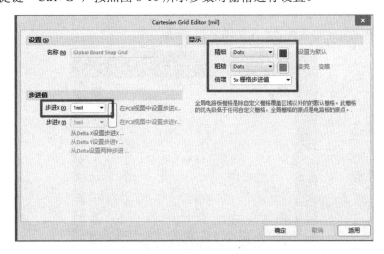

图 8-10 栅格的设置

8.4.2 PCB 叠层设置

根据元器件导入 PCB 后的鼠线密度（见图 8-11），需要使用 2 层板。默认导入的 PCB 为 2 层，即叠层不需要进行设置。

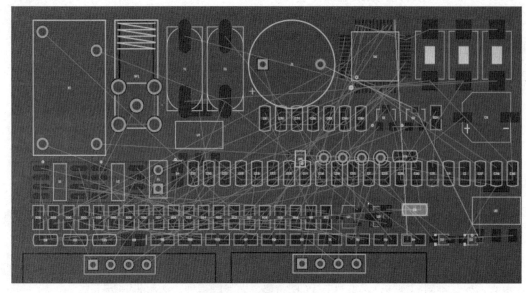

图 8-11 PCB 叠层判断

8.4.3 板框的绘制及固定孔的放置

（1）按照设计要求，将板框定义为 60mm×85mm 的矩形。通过执行菜单命令"放置"→"线条"，绘制一个满足尺寸要求的矩形。

（2）选中绘制好的闭合矩形，执行菜单命令"设计"→"板子形状"→"按照选中对象定义"，或者按快捷键"D+S+D"，即可完成板框的定义。

（3）执行菜单命令"放置"→"尺寸"→"线性尺寸"，在机械层放置尺寸标注，单位选择 mm。

（4）在离板边 5mm 的地方，放置 4 个直径为 5mm 的非金属化定位孔。

板框的绘制及定位孔的放置效果图如图 8-12 所示。

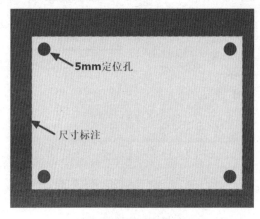

图 8-12 板框的绘制及定位孔的放置效果图

8.5　交互式布局及模块化布局

8.5.1　交互式布局

为了找寻元器件，需要把原理图与 PCB 对应起来，使两者之间相互映射，即实现交互。利用交互式布局可以快速地定位元器件，缩短设计时间，提高工作效率。

（1）为了达到原理图和 PCB 两两交互的目的，需要分别在原理图编辑界面和 PCB 设计交互界面中执行菜单命令"工具"→"交叉选择模式"，激活交叉选择模式，如图 8-13 所示。

图 8-13　激活交叉选择模式

（2）交叉选择模式下的选择如图 8-14 所示。在交叉选择模式下，在原理图中选中某个元器件后，PCB 中对应的元器件会被同步选中；反之，在 PCB 中选中某个元器件后，原理图中对应的元器件也会被同步选中。

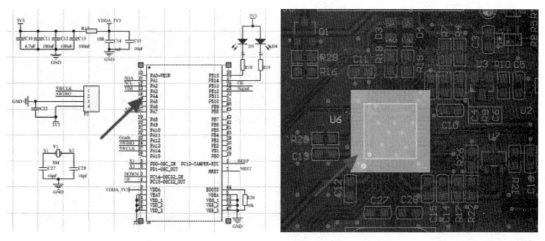

图 8-14　交叉选择模式下的选择

8.5.2 模块化布局

下面介绍在矩形区域排列，基于交互式布局，在布局初期，利用该功能可以方便地把一堆杂乱的元器件按模块分开并摆放在一定区域内。

（1）在原理图中选中一个模块的所有元器件，这时 PCB 中与原理图中对应的元器件都会被选中。

（2）执行菜单命令"工具"→"器件摆放"→"在矩形区域排列"，如图 8-15 左图所示。

（3）在 PCB 中某个空白区域框选一个范围，这时这个模块的元器件都会排列到这个框选的范围内，如图 8-15 右图所示。利用这个功能，可以把原理图中的所有功能模块进行快速分块。

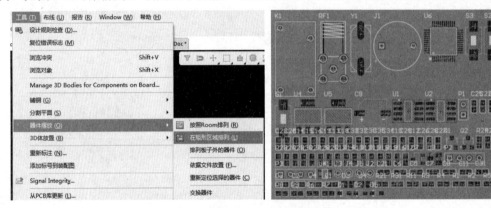

图 8-15　在矩形区域排列与元器件的框选排列

模块化布局和交互式布局是密不可分的。利用交互式布局，在原理图中选中模块的所有元器件，一个模块一个模块地在 PCB 中排列好，这就是模块化布局，效果图如图 8-16 所示。接下来，就可以进一步细化布局其中的 IC、电阻、二极管等元器件了。本章实例最终布局效果图如图 8-17 所示。

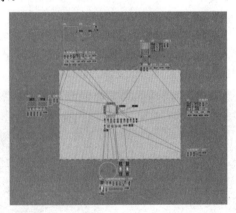

图 8-16　模块化布局效果图

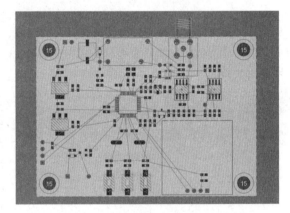

图 8-17　本章实例最终布局效果图

在进行模块化布局时，可以通过"垂直分割"命令对原理图编辑界面和 PCB 设计交互界面进行分屏，如图 8-18 所示，方便快速布局。

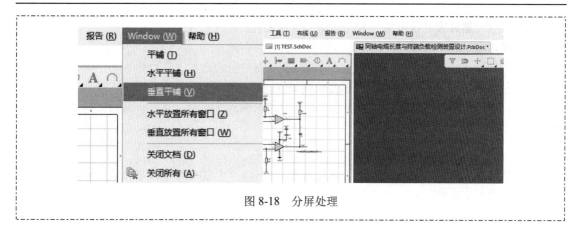

图 8-18　分屏处理

8.5.3　布局原则

在进行 PCB 布局时经常会考虑以下几方面。

（1）PCB 板形与整机是否匹配？

（2）元器件与元器件的间距是否合理？在水平上或高度上是否有冲突？

（3）PCB 是否需要拼板？是否预留工艺边？是否预留安装孔？如何排列定位孔？

（4）如何进行电源模块的放置及散热处理？

（5）需要经常更换的元器件，放置的位置是否方便替换？可调元器件是否方便调节？

（6）热敏元器件与发热元器件之间是否考虑距离？

（7）整板的电磁兼容性如何？如何布局能有效提高抗干扰能力？

> **小助手提示**
>
> 对于元器件和元器件的间距问题，基于不同封装的距离要求和 Altium Designer 23 自身的特点，若通过规则设置来进行约束，则设置太过复杂，较难实现。一般通过在机械层上画线来标出元器件的外围尺寸，如图 8-19 所示。这样当其他元器件靠近时，就大概知道其间距了。对于初学者而言，这是非常实用的，也有利于其养成良好的 PCB 设计习惯。

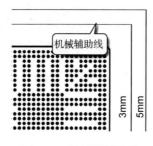

图 8-19　机械层辅助线

1．元器件排列原则

（1）通常，所有元器件应布置在 PCB 的同一面，只有在顶层元器件过密时，才能将一些高度有限且发热量小的元器件（如贴片电阻、贴片电容、贴片 IC 等）放在底层。

（2）在保证电气性能的前提下，元器件应放在栅格上并相互平行或垂直排列，以实现整齐、美观。在一般情况下，元器件不允许重叠，元器件排列要紧凑，输入元器件和输出元器件应尽量分开，不要出现交叉。

（3）某些元器件或导线可能带较高电压，应加大它们之间的距离，以免因放电、击穿而意外短路。在进行布局时，应尽可能地注意这些信号的布局空间。

（4）带高电压的元器件应尽量布置在调试时手不易触及的地方。

（5）位于 PCB 边缘的元器件，应该尽量离 PCB 边缘两个板厚的距离。

（6）元器件在整个板面上应均匀分布，避免某些区域过于密集，其他区域过于稀疏，以确保产品的可靠性。

2．按照信号走向布局原则

（1）放置固定元器件之后，按照信号走向逐个安排各个功能电路单元的位置，以每个功能电路单元的核心元器件为中心进行局部布局。

（2）元器件的布局应便于信号流通，信号走向应尽可能保持一致。在多数情况下，信号走向从左到右或从上到下。与输入端和输出端直接相连的元器件，应放在靠近输入接插件、输出接插件或连接器的地方。

3．防止电磁干扰

（1）对于辐射电磁场较强的元器件和对电磁感应较灵敏的元器件，应适当加大它们之间的距离，或者考虑添加屏蔽罩进行屏蔽。

（2）尽量避免高电压元器件、低电压元器件相互混杂及强信号元器件、弱信号元器件交错在一起。

（3）对于会产生磁场的元器件，如变压器、扬声器、电感等，在进行 PCB 布局时应注意减少磁力线对印制导线的切割；相邻元器件磁场方向应相互垂直，以减少彼此的耦合。

（4）对干扰源或易受干扰的模块应进行屏蔽。晶振的打孔包地处理如图 8-20 所示。

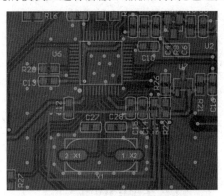

图 8-20　晶振的打孔包地处理

8.6　类的创建及 PCB 规则设置

8.6.1　类的创建及颜色设置

为了更快地区分信号和归类，按快捷键"D+C"，对 PCB 中的网络进行类的划分，创建多个网络类，并为每个网络类添加网络，如图 8-21 所示。

为了便于区分，可以为网络类设置颜色。在 PCB 设计交互界面的右下角依次执行"Panels"→"PCB"命令，打开"PCB"面板，在下拉列表中选择"Nets"选项，选择"PWR"类，单击鼠标右键，选择"Change Net Color"选项，设置网络颜色，如图 8-22 所示。设置完成后记得打开颜色显示开关，否则设置无效。

图 8-21　网络类的创建

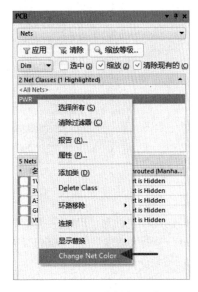

图 8-22　网络颜色设置

8.6.2　PCB 规则设置

1. 间距规则设置

（1）按快捷键"D+R"，进入"PCB 规则及约束编辑器"对话框。

（2）在间距规则设置中，单击鼠标右键，新建间距规则，默认规则适用范围为"All"，除铜皮和其他元素的间距默认为"12mil"，其他元素的间距都默认为"6mil"，如图 8-23 所示。

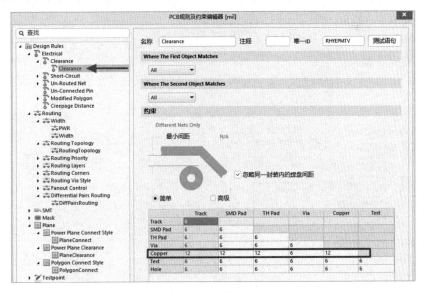

图 8-23　间距规则设置

2. 线宽规则设置

（1）根据工艺要求及设计规范，设置线宽规则，如图 8-24 所示。将"最大宽度""最小宽度""首选宽度"都设置为"6mil"。

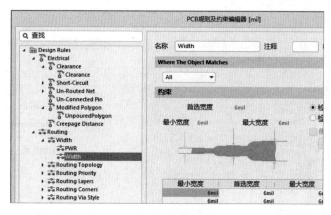

图 8-24　线宽规则设置

（2）创建一个针对"PWR"类的线宽规则，对该网络中的线宽进行加粗，要求"最小宽度"为"8mil"，"最大宽度"为"60mil"，"首选宽度"为"15mil"，如图 8-25 所示。

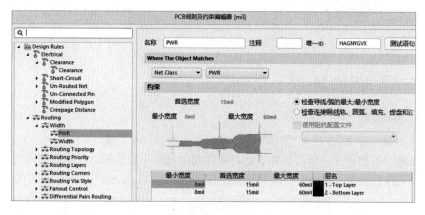

图 8-25　"PWR"类线宽规则设置

3. 过孔规则设置

整板采用 12/24mil 大小的过孔，具体设置如图 8-26 所示。

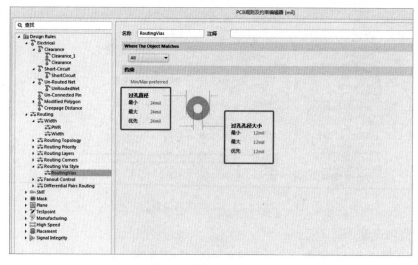

图 8-26　过孔规则设置

4．阻焊规则设置

常用阻焊规则单边开窗为 2.5mil，具体设置如图 8-27 所示。

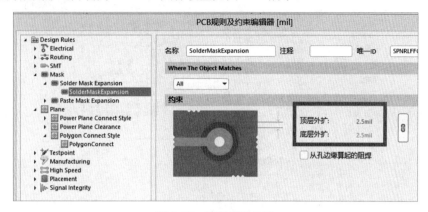

图 8-27　阻焊规则设置

5．正片敷铜连接规则设置

通孔和表贴焊盘常采用花焊盘连接方式，过孔常采用全连接方式，具体设置如图 8-28 所示。

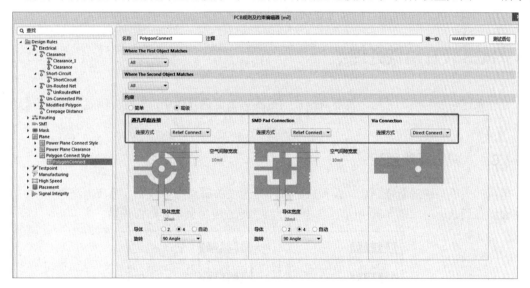

图 8-28　正片敷铜连接规则设置

8.7　PCB 的布线操作

布线是 PCB 设计中最重要且耗时最长的环节，考虑到开发板的复杂性，自动布线无法满足电磁兼容等需求，因此本章实例全部采用手工布线。布线应该遵循以下基本原则。

（1）按照阻抗要求进行布线，单端阻抗为 50Ω。

（2）电源线和地线应进行加粗处理，以满足载流需求。

（3）晶振表层走线不能打孔，高速线打孔换层处应尽量增加回流 GND 孔。

（4）电源线和其他信号线间要有一定间距，以防纹波干扰。

本章实例最终布线效果图如图 8-29 所示。

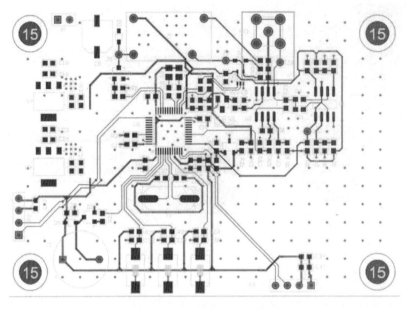

图 8-29　本章案例最终布线效果图

8.8　PCB 设计后期处理

处理完连通性和电源之后，需要对整板的走线和铜皮进行优化，以充分满足电磁兼容等性能需求。

8.8.1　减小环路面积

电流的大小与磁通量成正比，面积较小的环路通过的磁通量也较小，感应电流也较小，因此环路面积必须最小。如图 8-30 所示，在出现环路的地方应尽量使环路面积最小。

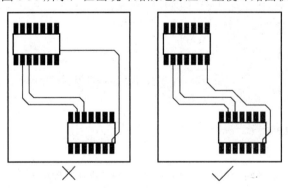

图 8-30　减小环路面积

8.8.2　孤铜及尖岬铜皮的修整

为了满足生产要求，PCB 中不应出现孤铜。按照图 8-31 所示设置敷铜属性，来避免出现孤铜。如果出现了孤铜，应按照前面提到的孤铜移除方法进行移除。

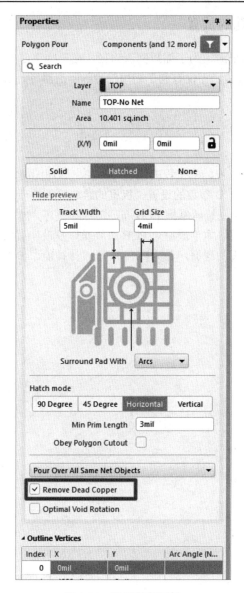

图 8-31　设置敷铜属性

为了满足信号要求（不出现天线效应）及生产要求等，PCB 中应尽量避免出现狭长的尖岬铜皮。通过放置 Cutout 可以删除尖岬铜皮，如图 8-32 所示。

图 8-32　放置 Cutout 来删除尖岬铜皮

8.8.3 回流 GND 孔的放置

信号回流的目的地是地平面，为了缩短回流路径，在一些空白处或打孔换层的走线附近放置 GND 孔，特别是在高速线旁边，不仅有利于缩短信号的回流路径，还可以有效地吸收干扰信号。

8.9 本章小结

本章内容按照实际设计流程，从工程的创建与添加、原理图编译设置开始，逐步深入到封装匹配的检查、PCB 的导入、PCB 参数的设置、板框的绘制等关键环节。本章介绍了交互式布局、模块化布局及布局原则，以帮助读者掌握 PCB 布局的核心技巧。本章还在类的创建、颜色设置及 PCB 规则设置方面提供了指导。本章最后对 PCB 布线操作及设计后期处理进行了介绍，以便读者进一步加深对 2 层板设计流程的理解，并为提升 PCB 设计技能、参与相关比赛打下坚实的基础。